U0225244

VILLA INTERIOR DESIGN CLASSICS

| 欧 美 格 调 |
| 异 域 风 情 |
| 自 由 混 搭 |

| CHINESE STYLE | MODERN SIMPLISM STYLE | PASTORALISM & COUNTRY |

别墅室内设计典藏

（下）

李有为　郭　妍・主编

北京大国匠造文化有限公司・策划

中国林业出版社
China Forestry Publishing House

图书在版编目（CIP）数据

别墅室内设计典藏：全2册 / 李有为，郭妍主编. -- 北京：中国林业出版社，2018.12

ISBN 978-7-5038-9909-6

Ⅰ. ①别… Ⅱ. ①李… ②郭… Ⅲ. ①别墅－室内装饰设计 Ⅳ. ①TU241.1

中国版本图书馆CIP数据核字(2018)第287411号

责任编辑：纪　亮　樊　菲

出版：中国林业出版社（100009 北京西城区德内大街刘海胡同7号）
网站：http://lycb.forestry.gov.cn
E-mail：cfphz@public.bta.net.cn
印刷：北京利丰雅高长城印刷有限公司
发行：中国林业出版社
电话：（010）8314 3518
版次：2018年12月第1版
印次：2018年12月第1次
开本：1/12
印张：79
字数：600 千字
定价：560.00 元（上、下册）

| 亚太名家别墅室内设计典藏系列之四 | 目录 |

| 中式风韵 | 都市简约 | 原木生活 | **欧美格调** | 异域风情 | 自由混搭 |

端

Dome

主案设计：李新喆
项目面积：550平方米

■ 立，坚正之本也，留高穹，去三板，通中庭收斜阳。
■ 山，自然之重也，采石纹，纳云理，摘星光架阶梯。

立山而华，是端也，端为正，为居高而稳，为四角齐全，为大气所在。

立，坚正之本也，留高穹，去三板，通中庭收斜阳。

而，转折之巧妙也，曲而不狭，直而不板，点金便似游刃。

山，自然之重也，采石纹，纳云理，摘星光架阶梯。

以设计服务生活，以长远规划脚下，为未来的无限可能夯实强大基础，又赋予业主无穷的发展空间，将设计恰到好处地镶嵌进生活当中。

影音室
书房
过道
卫生间
卧室
衣帽间
暗室

一层平面图

洗衣间
入户玄关
衣帽间
开放式厨房
餐厅
过道
客厅
卫生间
厨房
楼梯间
衣帽间
卫生间
卧室
衣帽间
卫生间
卧室

二层平面图

一池山水，轻舟行

European Mix

主案设计：杨星滨
项目面积：444平方米

- 西方技法融合东方神韵，古典与现代的结合。
- 该项目侧重于生活之本与艺术之美的完美结合，居住功能与意境美的最大化实现。

采用东方大切块方式，大开大合，深含东方文化，内蕴刀凿大形，斧切大块，从容把握，轻松勾勒，在生动的影像之中，透溢出来自华夏文化的渊远流长。

软装的陈设中，客厅大面积灰色，烟波浩渺、水墨丹青的主旋律，写意的牡丹花，磅礴的山水画，水晶太湖石、艺术品，在细节上勾勒出现代、东方、人文主旋律。

客厅淡雅的玉石色调将空间显得格外优雅飘逸，极具气质却不浮夸；餐厅吊灯与宝石色座椅的搭配，加上设计师由竹节引申出来的餐灯，点亮居家的每一场烛光晚餐……这是理想的设计，也是现实的家。

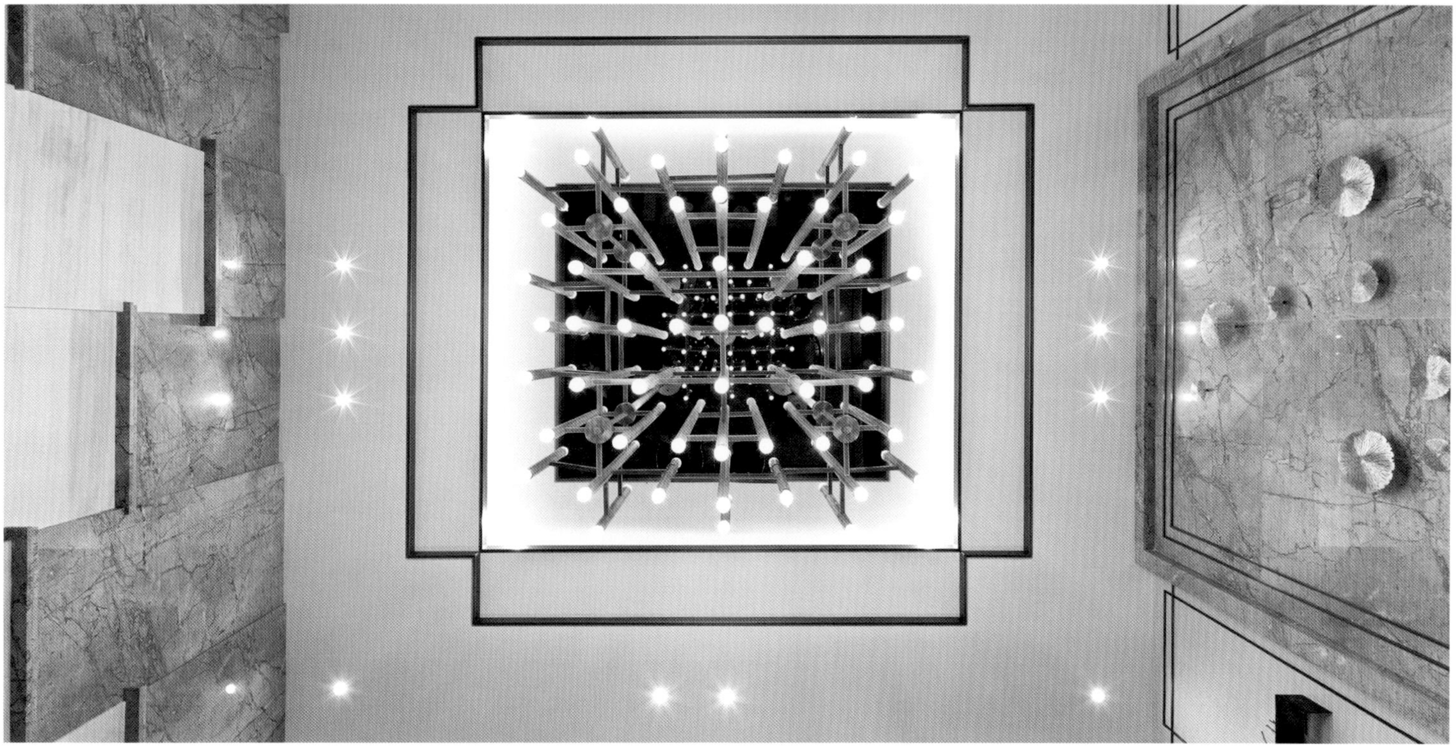

曼哈顿陈公馆

Chen Gong hall, Manhattan

主案设计：姚小丽
项目面积：350平方米

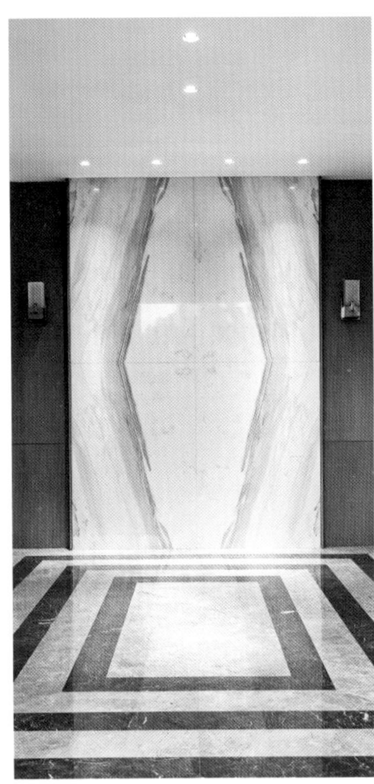

- 创造一个放松心灵的温馨居所。
- 美感与奢华并存的现代主义调性，并能雅俗共赏。
- 将本作品最终定位为具有艺术品质的现代雅奢风格，并坚持以人为本的设计理念。

为了能够获取更多的灵感，我不断想象自己在这个空间里面生活的场景，在空间、材质、色彩、光线等方面进行综合协调、考虑，致力于呈现出具有自然与艺术气息并存的现代家居环境，为客户提供舒适的居住体验和极高的精神享受。

本案是地处温州江滨路段的一个二楼跃层户型，总面积350平方米，虽然三面采光，但是楼层低矮，南北距离狭长，空间琐碎，房间窗梁又大又低，在深入了解客户对空间使用功能的需求后，我决定打通原有各空间，将其重新组合，并把几个空间进行向外拓展，并额外增加了些附属空间，比如攀岩区、健身区等。在把整个空间布局重新归整之后，将大量自然光线引入室内，利用天然的光影效果丰富了空间的层次感。结合高级灰的包容性以及智能灯光和背景音乐的辅助配套，最终打造出一个开放、高级、富有乐趣的现代居住空间。

韵·心宿

Charm · Dream home

主案设计：黄毅
项目面积：380平方米

■ 一些有趣且色彩饱和的陈设点缀其中。
■ 极具个性色彩，空间宽敞舒适。

以高级灰作为基调的居住空间里，一些有趣且色彩饱和的陈设点缀其中，它们似乎在诉说着一种不可名状的灵动和自由。

在保证空间功能的完整性和主次关系的前提下，目之所及处不张不扬，一切都在画面中相依而存，有序而生，让视觉达到某种平衡。

区域的大小、疏密、隔断方式带出的节奏以及次序感，都在这个聚着灵气的空间中敞开动人的一面。丰富且不均匀的肌理使整个空间看上去颇具创意，又在情理之中。极具个性色彩，空间宽敞舒适。

绅蓝公寓

Blue Apartment

主案设计：葛晓彪
项目面积：187平方米

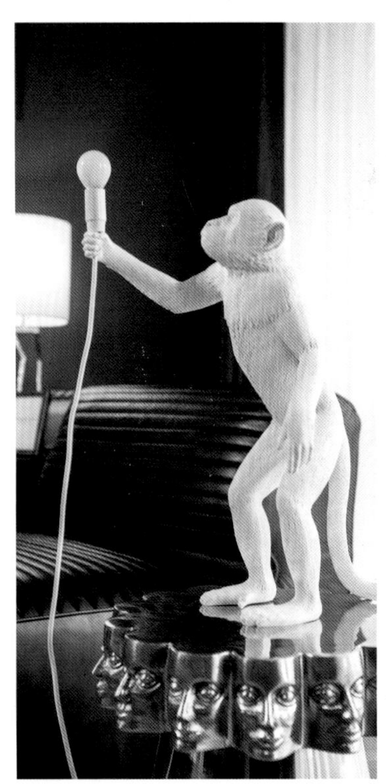

- 高饱和度色彩，让人眼前一亮。
- 色块的区域划分巧妙，使每个空间都有独特的气质。

这套公寓摒弃了硬装上过于复杂的装饰材料束缚，而是用色彩和软装去搭配，去表达整个空间所能诠释的效果，开启了全新的轻奢路线。设计师使用色彩和驾驭空间的手法新奇大胆。

绅士气质的“皇家蓝”加浪漫雅致的“灰度粉”，设计师将这两种色彩完美融入餐厅空间。蓝色与黄色为互补色，蓝色空间里的金色和黑色的点缀，是设计师的点睛之笔，如清冷冬日中的一缕阳光，明媚而炽热。主卧采用静谧的灰蓝色为主调，搭配灰白两色，次卧则用灰粉为主调，红色椅子点亮空间活力。

波普

Pop Art

主案设计：李跃
项目面积：131平方米

- 大胆运用大量鲜明的色彩，视觉碰撞出火花。
- 波普风格独特，具有新意。
- 墙面加上色调温柔的涂料，显得空间青春有活力。

经典美式风格混搭波普风格，体现了追求大众化的、通俗的趣味，新奇与奇特的室内装饰，采用了艳俗的色彩，给人眼前一亮、耳目一新的感觉。设计师大胆运用色彩，用蓝色系和黄色系配以红灰绿色系，将之很好地衔接起来，米黄色沙发与红色条纹地毯的搭配毫无突兀感，表达出了一份独一无二的空间美学。暖色的艺术涂料使空间显得更加温馨，满足主人对小资生活情调的追求。在增加储物功能的同时，也增加了生活功能性，节省了很多空间。

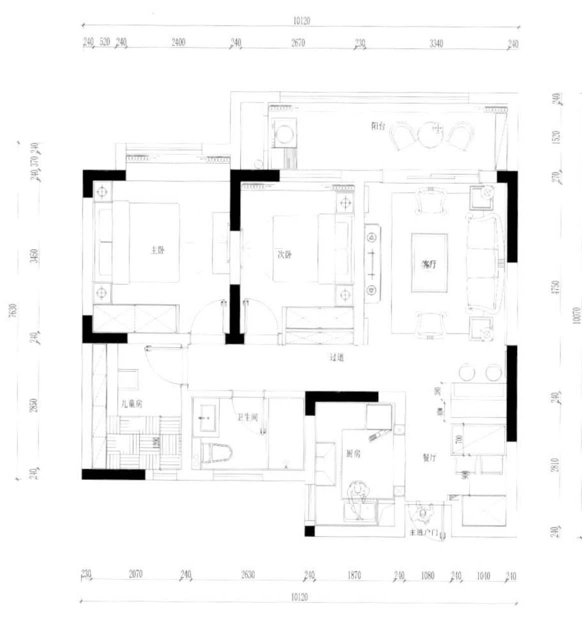
10120
240 520 240 2400 240 2670 230 3340 240
阳台
主卧
次卧
客厅
过道
儿童房
卫生间
厨房
餐厅
主进户门
240 370 240
3450
7630
240
2850
240
240
1520
270
4750
10070
240
2810
240
230 2070 240 2630 240 1870 240 1080 240 1040 240
10120

平面图

H

了不起的盖茨比

The Great Gatsby

主案设计：杜奇哲
项目面积：124平方米

- 通过手绘风景壁画对空间在视觉上进行了延伸，具有新意。
- 运用大理石地面来搭配吊顶。
- 进行空间的分割，有层次且不失整体性。

设计师以走廊进行功能分区的划分，运用护墙板和壁纸进行空间的延伸，右手是充满生活气息的餐厅与厨房，左手则是休闲客厅，里面是书房空间，整个空间采光通透，敞快明亮。设计师在有限的空间里把功能做到了精细化，满足了客户对生活品质的独特追求。

窗外是宽阔的大海，窗内亦是风景。设计师用象牙色的护墙板和手绘壁纸作为立面效果的展现，让人忍不住的去留恋欣赏，仿佛置身于一座浪漫花园中，醉心于迷人的芬芳。

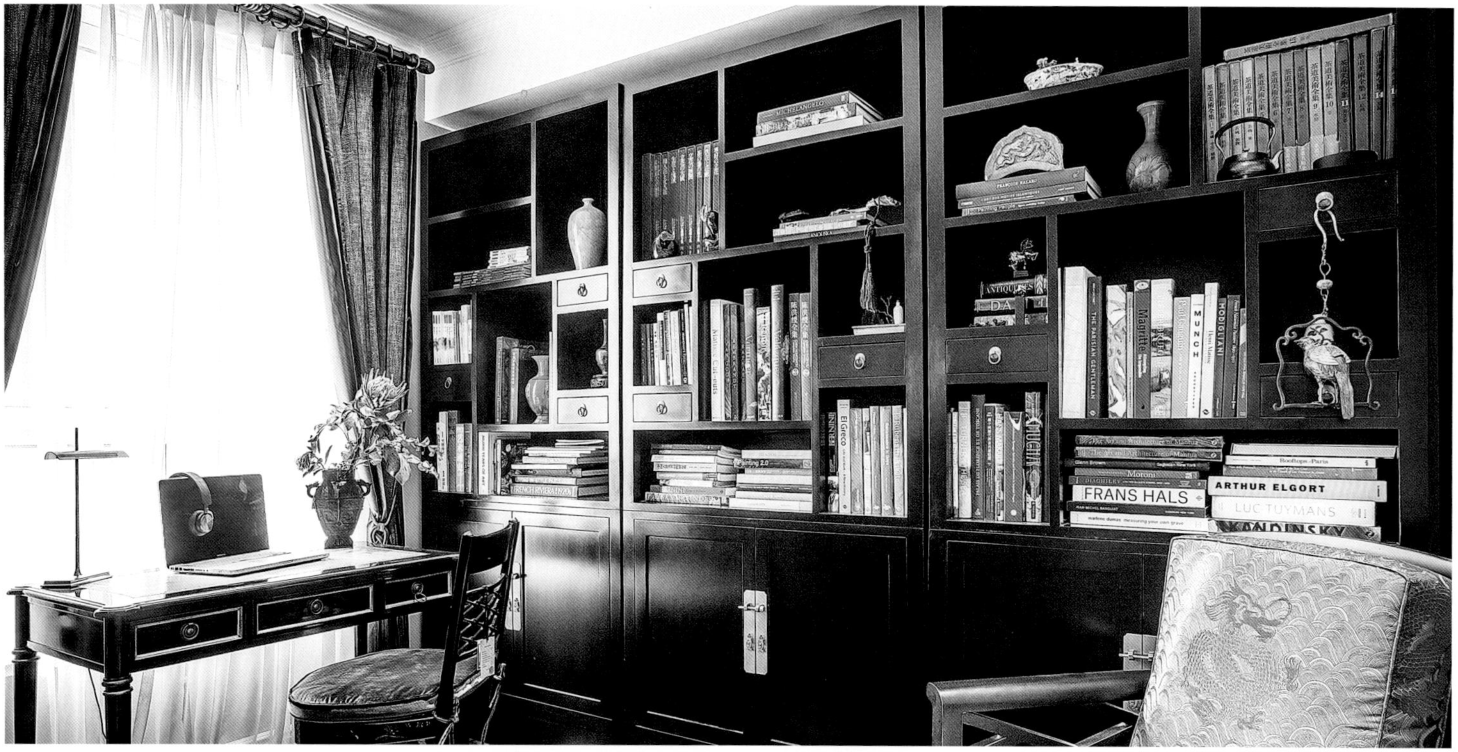
FRANS HALS
ARTHUR ELGORT
LUC TUYMANS

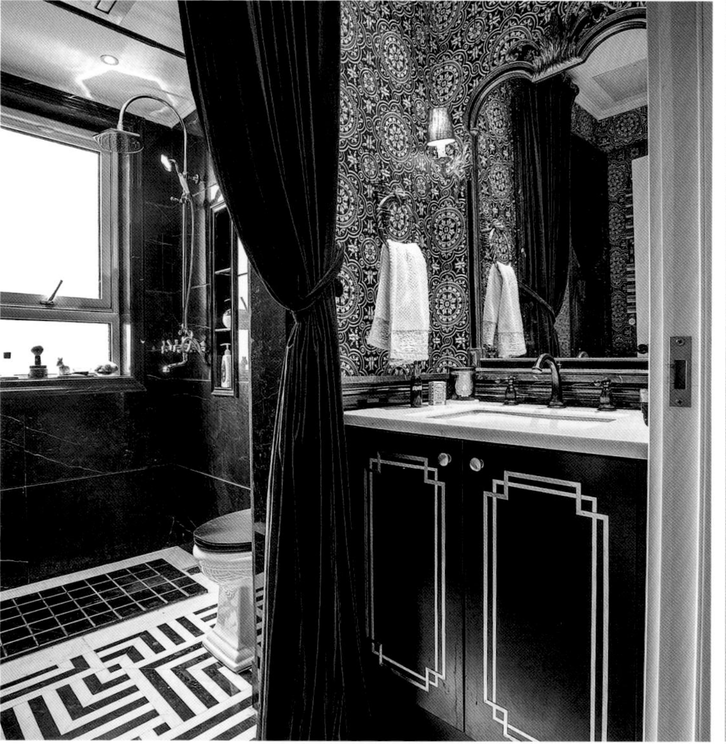

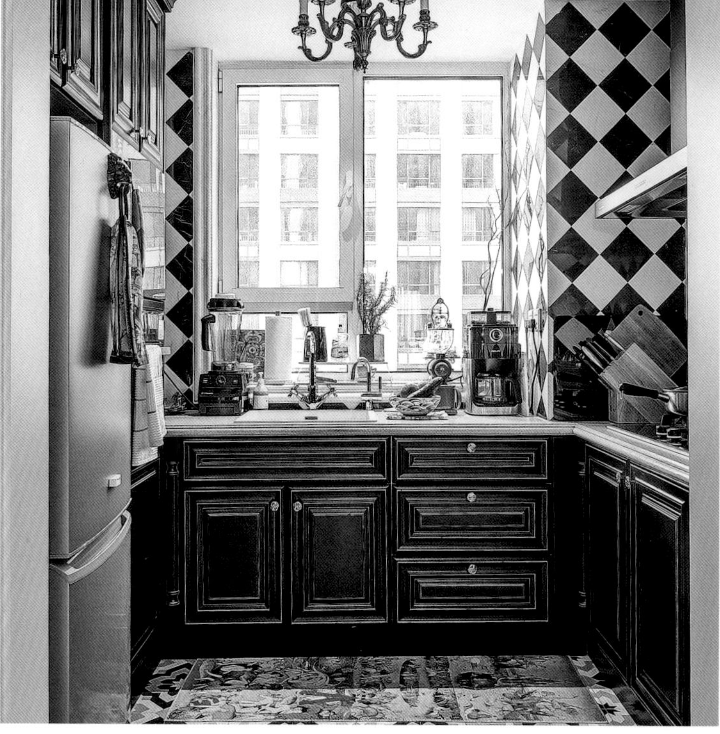

11450
5670
2030
3750
240 670 3900 500 360 240 540 750 260 240 280 1310 1110 780 270
主卧室
过道
老人房
阳台
玄关
客卫
客厅
冰箱
240 420 240 190 240 680 240 1940 200 120 1000 1440 180 640 240 1840 240 250 720 150 240
4190
2760
2900
1600
11450

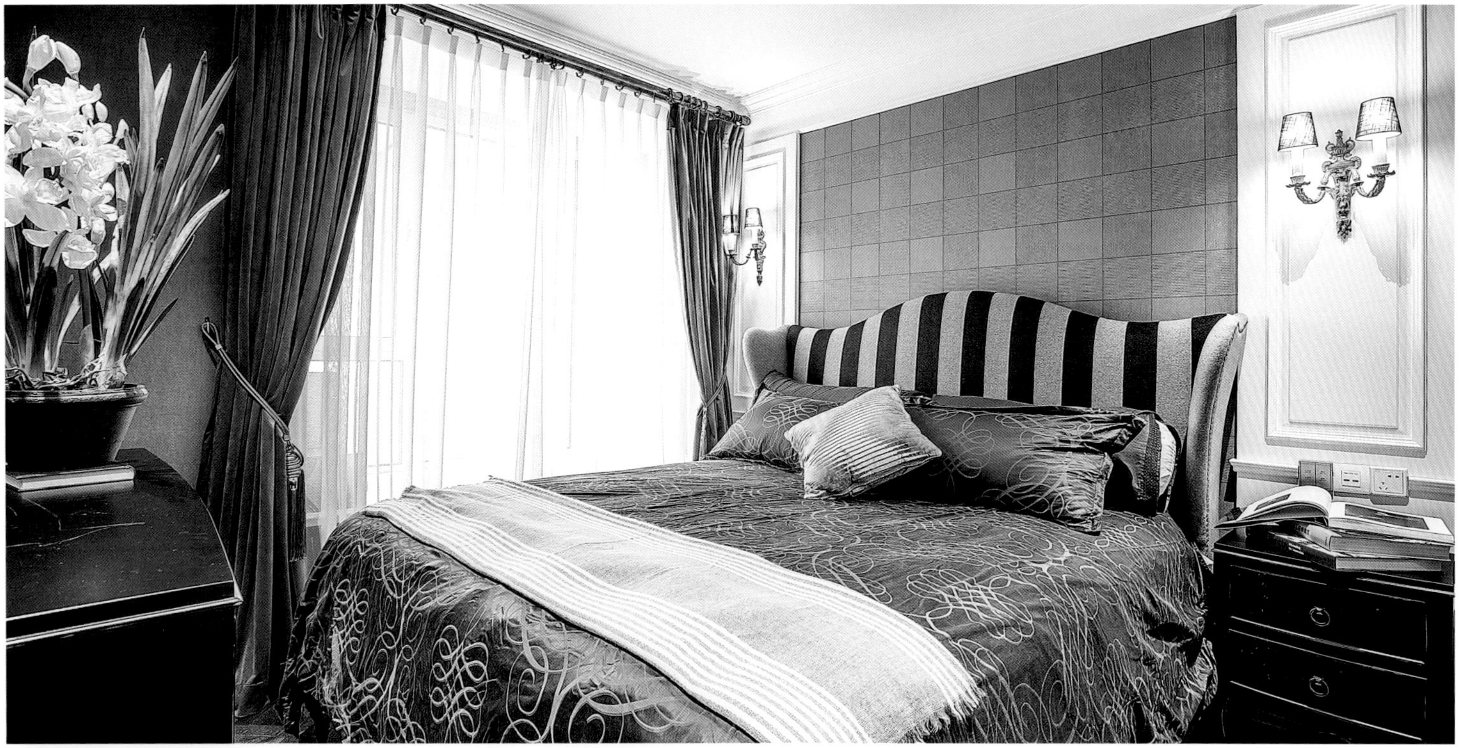

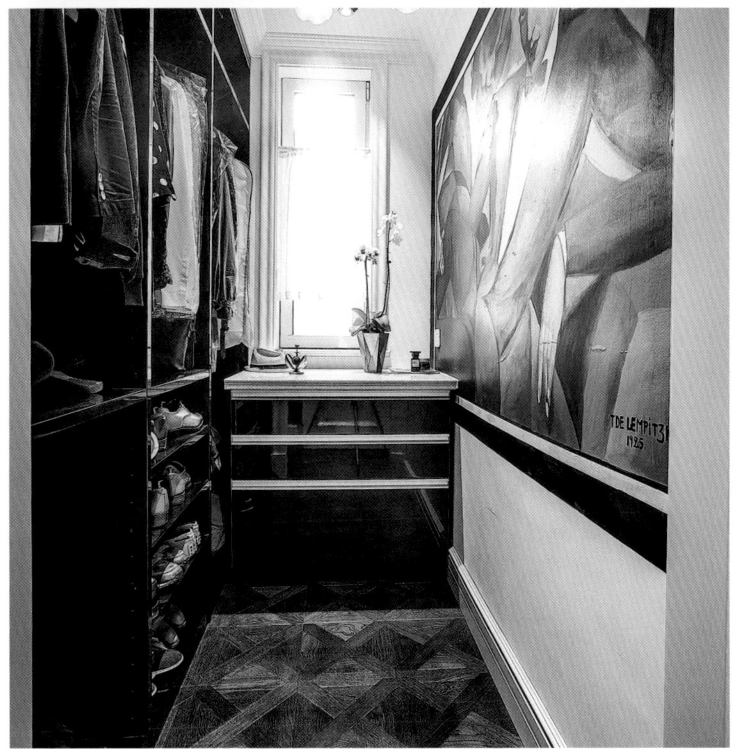

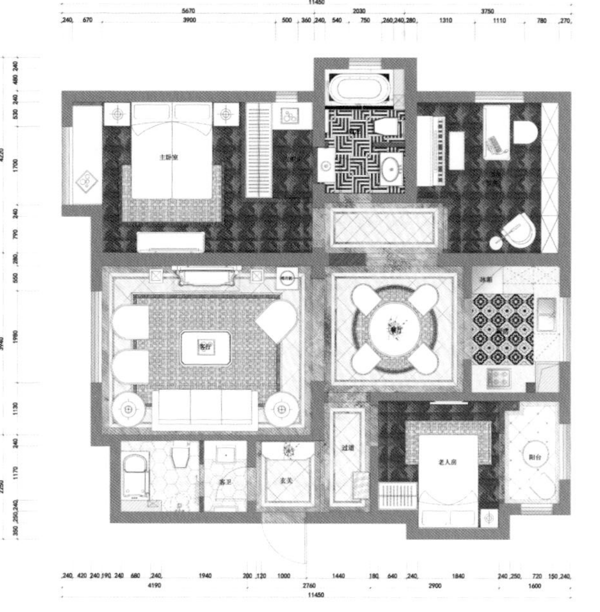

平面图

律动的音符

Rhythm

主案设计：满林昌 / 设计公司：大满室内设计
项目面积：200平方米

- 开放式的练琴区，以架高木质地板方式呈现。
- 以大提琴琴身颜色的独特性为基础，配合各种颜色加以调配，呈现沉稳内敛的色调。

Life

设计师以音乐为主题，琴键为概念，运用空间中纵横轴线的对应方式，刻意将公共领域的视线界定打开，在回应空间界定的对话中，重新定义及塑造崭新的生活模式。

整体空间规划如一场悠扬的音乐盛会，设计核心是以客厅区沙发背墙为轴线布局，在跳跃式的琴键背墙引领下，视线自然延伸至各方，玄关虚实迂回的木质展柜，刻意将视线界定打开，柜中的铜雕乐手巧妙地形塑出空间艺术的氛围。

设计师将音乐与艺术的分子注入生活，让生活不再是一种形式，与一成不变。每当驻足于此，彷佛置身于音乐之都“维也纳”。

漫步花草间

Mansion

主案设计：张国栋
项目面积：202平方米

- 金色与蓝色相互点缀，尽显高雅。
- 花草纹饰遍布空间的各个角落，凸显自然意蕴。

空间优雅大气，蓝色的沙发搭配金色的扶手及实木桌几，高贵典雅之中不失清新，与墙上的壁画和墙面装饰板相互呼应，有一种维多利亚时期的美。

花草纹饰的壁纸和家居装饰遍布房间，在一派典雅之中引入了自然的元素，使得居住环境更加舒适悠然。撷一束花草在家中，生活气息缓缓而来。

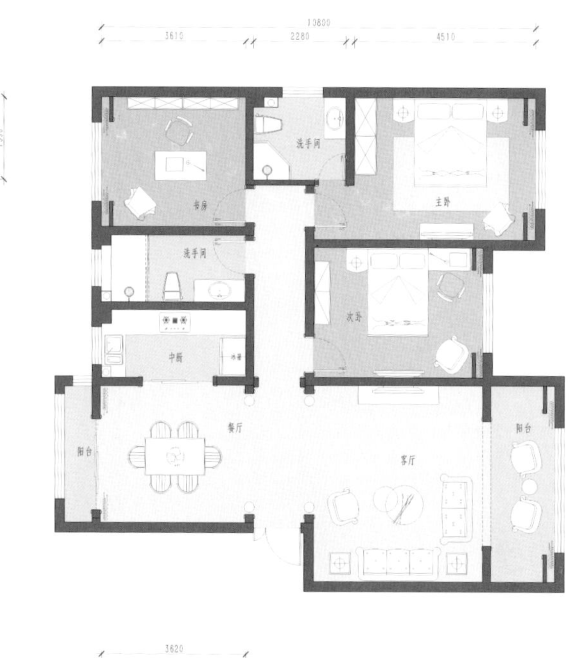
10800
3610
2280
4510
书房
洗手间
主卧
洗手间
次卧
中厨
冰箱
餐厅
阳台
客厅
阳台
1990
3110
1610
10210
1600
3300
3410
3120
11620
4710
3620
690
3840
1270
4410
1600
12220

一层平面图

Curious George
Visits the Zoo

法国时尚

French Fashion

主案设计：邹子琪
项目面积：1020平方米

- 设计优雅细腻，充满时尚气派。
- 精致饰材及物料配搭，充分突显“法国时尚”的风格。
- 大型独立衣帽间衬托出法国于时尚不可或缺的特质。

丽宫别墅是新生代顶尖豪宅别墅,别墅建筑以典雅和格调堂皇的欧陆风格设计为主。设计师以现代时尚的概念,锐意为年青贵族的业主体验非凡气派的舒适居住空间。

业主喜爱追求法国高尚的时尚、奢华风格,对于时尚生活也有其独特的见解。别墅随着业主的表里一致的性格,呈献法式生活中富奢华、多层次的时尚品味。以“法国时尚”为设计蓝本的家居,由现代时尚设计风格为基调,加入精湛工艺、颇具质感的材质,营造出时尚、有品味、独特奢华的时代典雅法式风格。

玄关面向特色室内阳台,利用特色花格拼花加上精细大理石拼花图案地台,营造出一个豪华而立体的空间,起居室附有气派大型旋转梯及精细的立体主题墙。全屋以米白、白色为主调,加上香槟金色材质作点缀,融入了现代气息及空间美感,巧妙地带出奢华而温馨的感觉。

宅心物语

Family

主案设计：黄莉 / 设计公司：昶卓设计
项目面积：262平方米

- 大胆创新尝试，专门设计带有与之风格相配的纹理瓷砖。
- 空间轴线的对位关系，呈现奢阔精装的高贵空间艺术。

这套房子的主人是一个幸福的家族，老爷子和蔼可亲，男主人温文尔雅，女主人温柔贤惠，还有如同王子与公主一般可爱的一男一女两个宝贝。

只有欧式的大气才配得上男主人的气质，因此设计师将北阳台纳入室内空间，使这套大宅显得更加霸气；或许只有窗帘布艺的柔软才能衬托女主人的细腻，因而设计师将大气和细腻相整合。

沙发的皮料选择、电视背景墙的硬包以及窗帘都经过精心考量，使空间变得十分协调。同样，从华丽的窗帘、璀璨的水晶灯、浪漫的鲜花，仿佛能感受到业主悠然自得的心情。

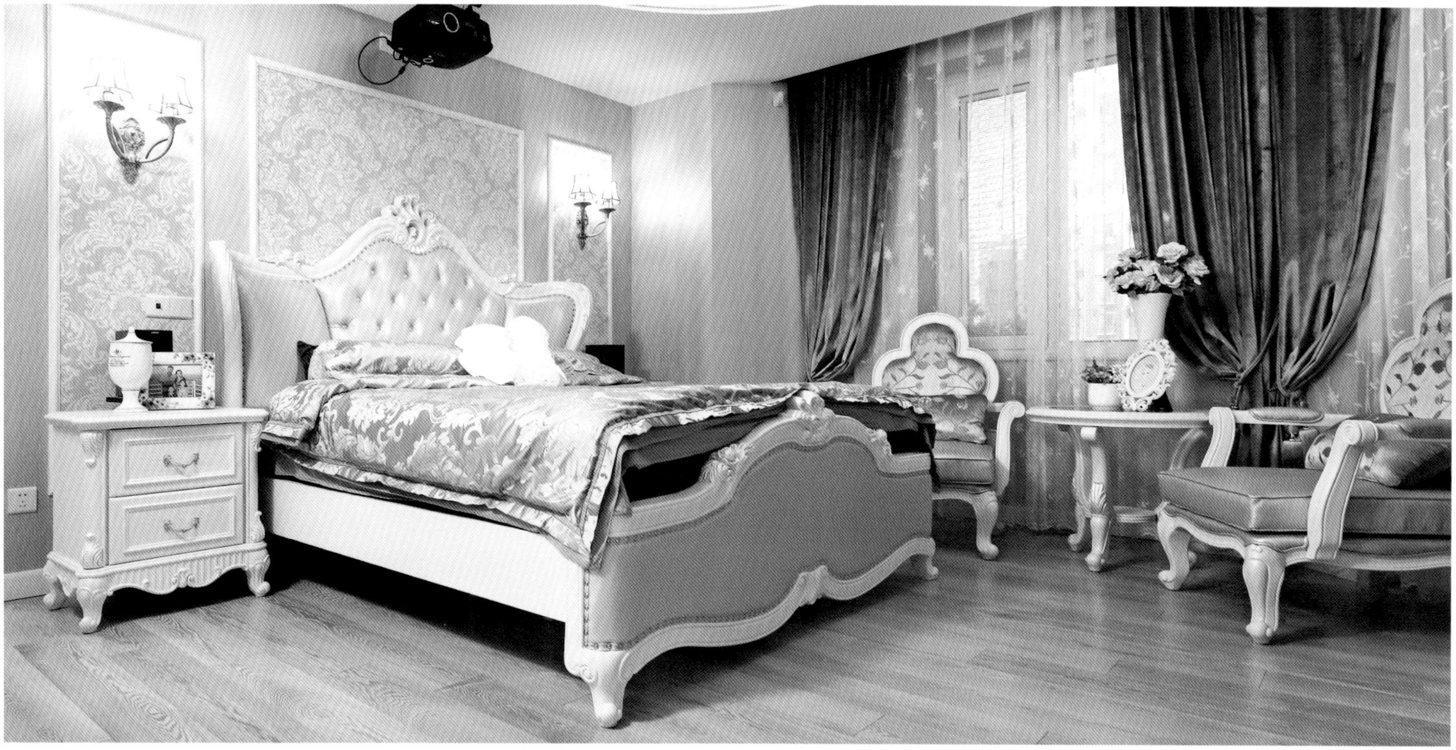

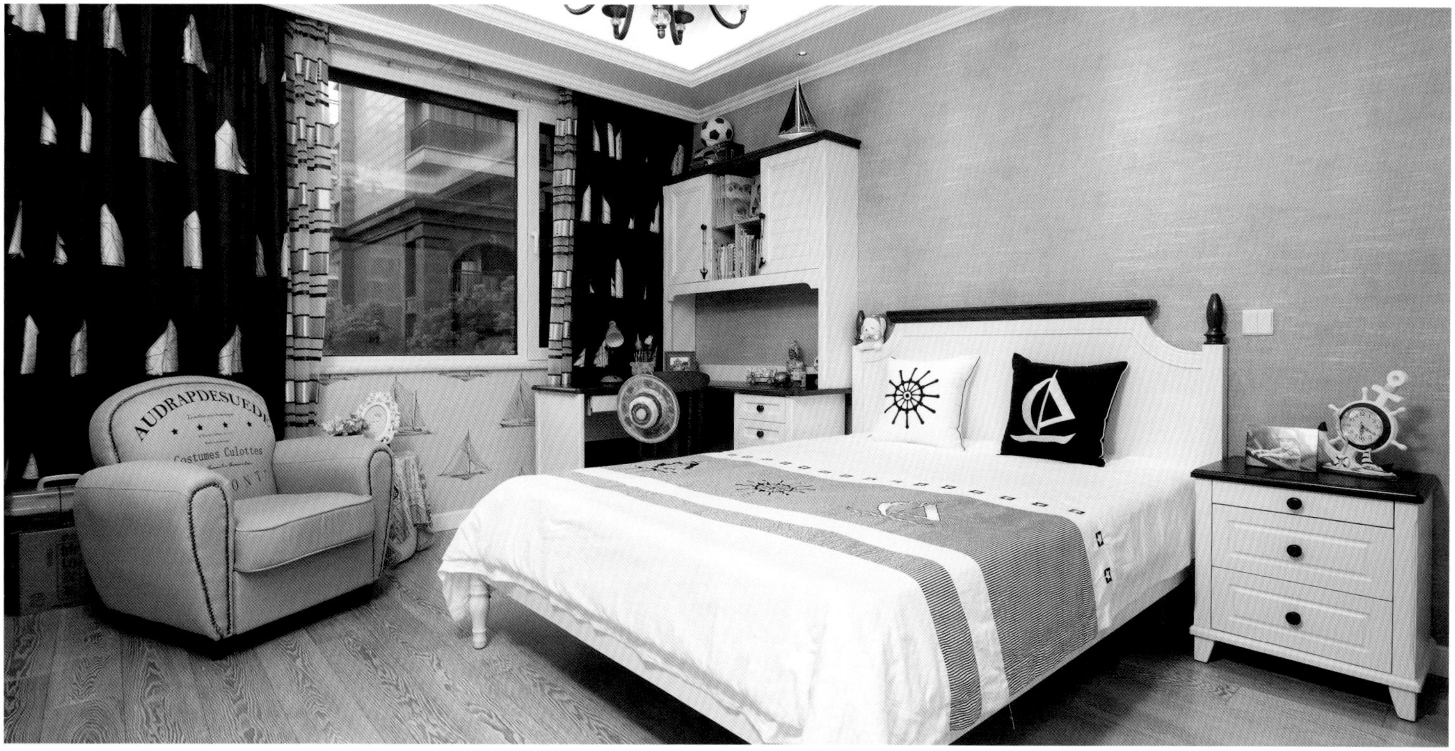
AUDRAPDESUEDE
Costumes Culottes

北
生活阳台
中厨
保姆间
卫生间
西厨
餐厅
客卫生间
女儿房
衣帽间1
儿子房
门厅
过道
次卫生间
主卫生间
老人房
客厅
衣帽间2
主卧室
休闲阳台

平面图

光铸长屋

Lighting the House

主案设计：唐忠汉
项目面积：281平方米

- 餐桌上方挑高3米的拱型天花。
- 刻意留下木作匠师的技痕。
- 呈现出拼板的技艺。

业主长期居住国外，向往欧洲建筑的居住氛围。因此，设计师在设计风格时，则导向台湾室内设计装修非主流的工艺古典风格。

设计师在设定空间基础风格后，就以关注业主行为动线的需求，配合女主人对烹饪的兴趣，将室内建筑的核心设置成餐厅，透过4米的大餐桌连接客厅、厨房、书房及卧房，轴线上串连前庭、中庭及后花园，让空间的每个地方都能映入户外的美景，不仅打破空间的隔阂，更增添家人互动的氛围。

ROUGH
LUXE
DESIGN

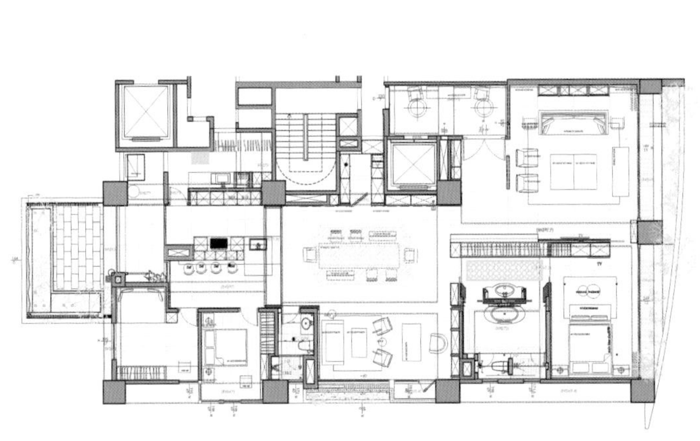

平面图

美式后工业感

American Post-industrial Sense

主案设计：张宝山
项目面积：200平方米

- 颜色饱和度高，色彩搭配运用得恰到好处。
- 灰色嵌板、复古砖、艺术线条、黑色做旧实木门板，选材有创意，让人眼前一亮。

本案既有传统又能体现当代人群居住方式，体现美式后工业感和设计革新。设计师重新梳理空间，根据功能和动线，大胆改造，重新分割空间，摒弃了多余而繁复的装饰，干净利落的线条和组织严谨的空间构造使整体空间显得高旷宏大、开阔而具灵韵。跳脱的米色餐椅为暗沉空间平添时尚亮色度，在布置精巧的华美吊灯装饰下，刚毅的空间里隐含柔媚风情。

DECORATING IN DETAIL

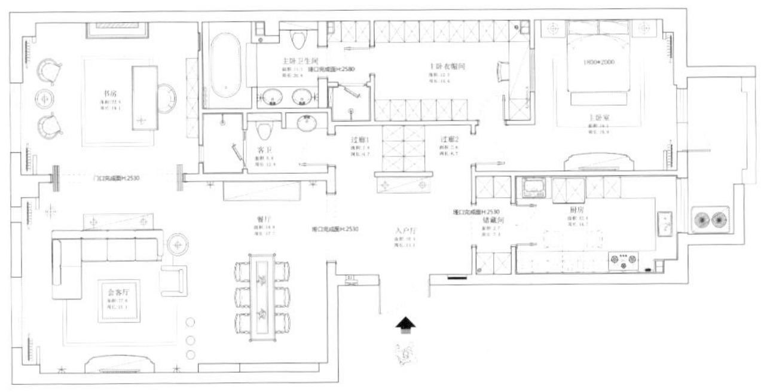
书房
主卧卫生间
垭口完成面H:2580
主卧衣帽间
1800*2000
主卧室
客卫
过廊1
过廊2
门口完成面H:2530
餐厅
垭口完成面H:2530
入户厅
垭口完成面H:2530
储藏间
厨房
会客厅

平面图

法式优雅

French Elegance

主案设计：张泉
项目面积：300平方米

- 不同形状纹路的木质拼花地板，颇具立体感。
- 富丽的窗帘和水晶吊灯，增添了一分柔美浪漫的气氛。
- 鞋柜墙面的装饰与收纳功能巧妙结合，纯净素雅的色调带来家的温馨。

纯法式风格是它独有的标签。设计师以简洁、明晰的线条和优雅得体的装饰，展现出空间中华美、随意、舒适的风格，将家变成释放压力、缓解疲劳的地方，给人以雅典宁静又不失庄重的感官享受。

墙面木质护墙和真丝壁纸的运用，把握了法式风格的简洁、对称、幽雅的精髓，表达了一种更加理性、平衡、追求自由——崇尚创新的精神。在卫生间的设计中，设计师引入了酒店的设计理念，为业主带来不同的生活感受！

设计师把中国人的一种精致而高贵的生活在本案中体现得淋漓尽致，打造成一个理想中的家的感觉，而不是简单地把法国人的家搬到中国。

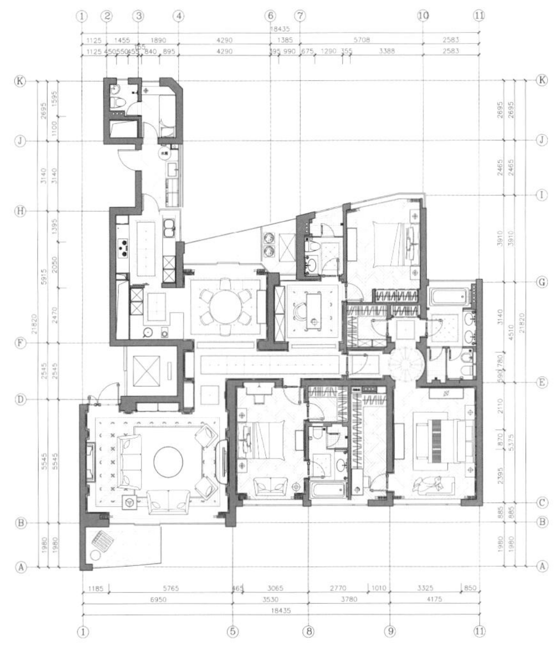

平面图

灯火阑珊秋意浓

Late Autumn

主案设计：沈烤华 / 设计公司：南京SKH室内设计工作室
项目面积：780平方米

■ 圆形吊顶，在玻璃天花板内镶日光灯管，显得别具一格。
■ 色彩运用得恰到好处，红色窗帘夺人眼球。

“灯火阑珊秋意浓”的初步构想就是：秋天是丰收的季节，对于业主来说亦是如此，三代同堂，生活美满，儿女双全，多年的相伴早就使他们融为一体，不分彼此。所以在为他们全家打造这所爱巢时，不由自主就会想到若干年后他们依偎在炉火旁的情景：打着盹，儿孙环绕膝下，一幅其乐融融的画面。设计师常常会觉得，在平凡中过活，是一种罪过，人不能突破自己，也是一种罪过。生活里要有文化，有设计，有艺术，设计就是用来服务生活的。

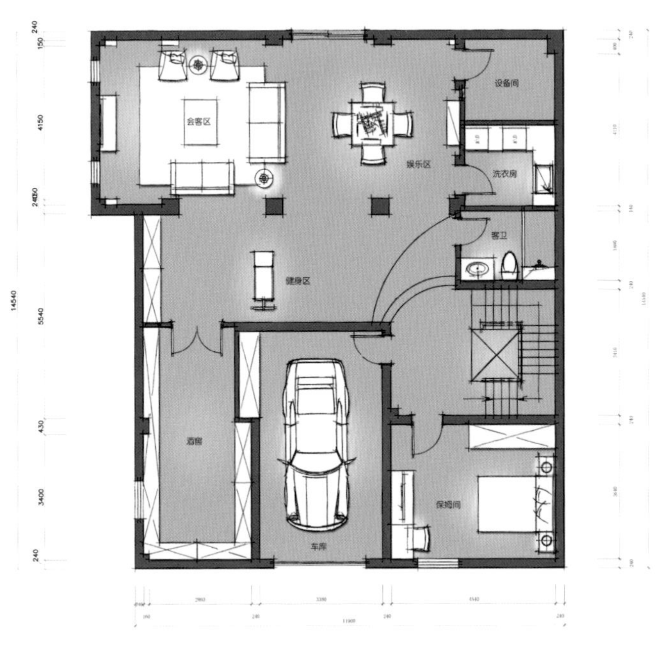

一层平面图

白描

Line Drawing

主案设计：梁栋
项目面积：500平方米

- 在墙面上加一些轻轻的色彩，夹带肌理更能衬托出对生活的热爱，对自己内心的追求。
- 色调清新，舍弃繁杂的装饰设计。

设计师所秉承的设计理念是“设计是生活本质”，设计要以人为本，很多配饰或设计都应该围绕人去做，像生活中的家具、窗帘之类的东西，要结合业主的品位和定制化要求去做。

本案例分为：一楼会客就餐区，二楼男女主人休息区，三楼孩子房，地下室休闲娱乐区。整个房子内部空间并没有过多的繁杂设计，色调以清新素雅为主，但无论身处哪个角度都可以感受到干净利落造型式线条，并体验这返璞归真的闲适氛围。

家是每个人心中的一片净土，有着最简单、纯粹的向往。

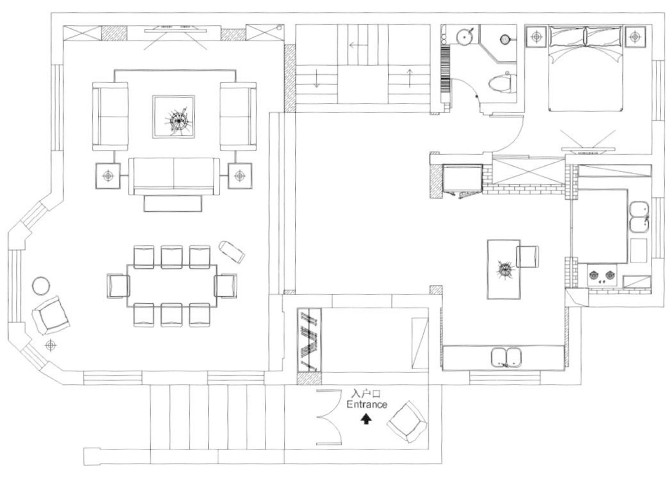

一层平面图

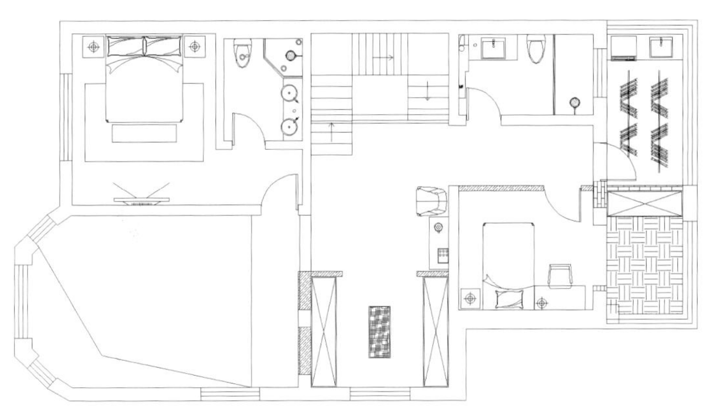

二层平面图

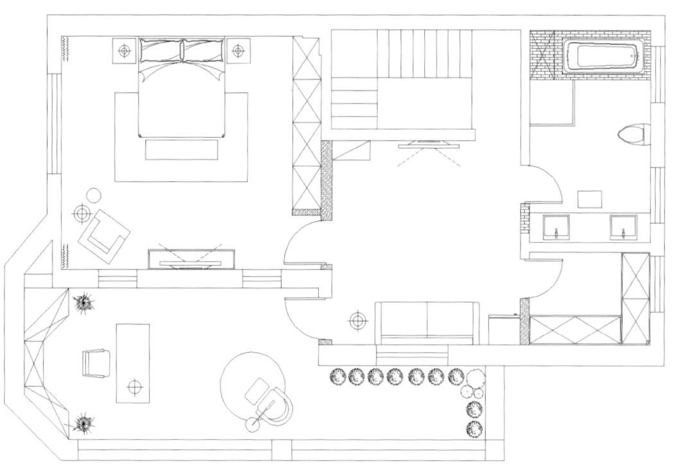

三层平面图

悠然见南山

Sunshine of South Mountain

主案设计：夏冰
项目面积：340平方米

- 美式田园风格，家具材质以白橡木、胡桃木等为主，线条简单，突出原木质感。
- 整体空间功能齐备，收纳功能强大，动线清晰。

本案中的所在小区是南山景区这片世外桃源里的理想家园，设计师在绿城理想主义精神的基础上，续写了关于城市贵族度假生活的完美构想。他将风格定义为美式田园，以休闲而略为怀旧的装饰艺术，映照悠然自在的田园风光，展现了一段田园牧歌式的生活场景！

设计师将功能区一体化，增强了空间感，也丰富了空间的使用功能。采用木头、石材等天然材质作为主要材料，用质朴的语言诉说了一个关于自然、生活、家的故事。

一层平面图

托斯卡纳阳光

Tuscan Sunshine

主案设计：曹建国
项目面积：292平方米

- 整体色调分为冷暖两色，增添了空间的层次感。
- 巧妙地运用灯光，与奶白色墙板相搭，营造一个温馨、舒适的休息场所。

整体设计以托斯卡纳风为空间主调，以金色和蓝色作为点缀，它让人想起沐浴在阳光里的山坡、农庄、葡萄园以及朴实富足的田园生活。空间布局简洁舒适，满足现代人对家的向往，考究的装饰画及饰品营造出精致优雅的氛围。

休闲舒适的乡村气氛，简朴的家具，奶白色的象牙般的白垩石，出名的金色托斯卡纳阳光，深色的木梁，犹如优雅的田园诗一般镶嵌在这栋住宅内，更有深色的木制家具，光泽的红酒和靓丽的点缀蓝等，各种颜色调和在一起就是托斯卡纳。

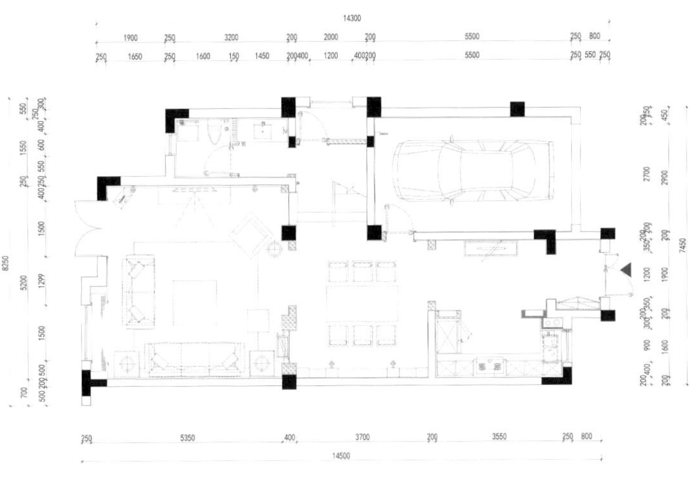
14300
1900 250 3200 200 2000 200 5500 250 800
250 1650 250 1600 150 1450 200 400 1200 400 200 5500 250 550 250
250 5350 400 3700 200 3550 250 800
14500
8250
7450

一层平面图

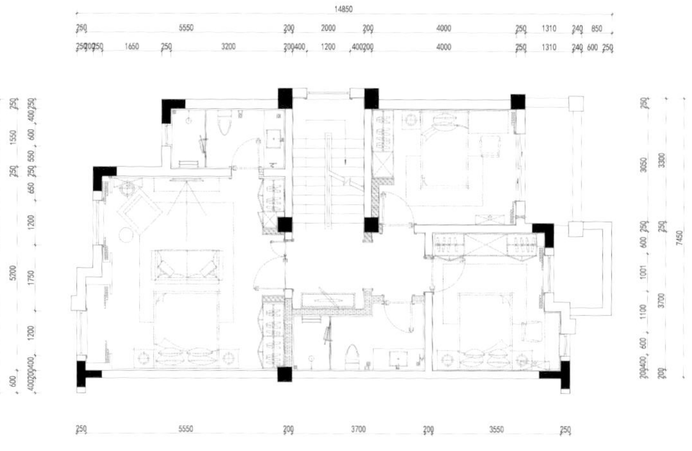
14850
250 5550 200 2000 200 4000 250 1310 240 850
250 5550 200 3700 200 3550 250

二层平面图

法式奢华

French Luxury

主案设计：王春 / 设计公司：苏州（BEST）博思特高端装饰机构
项目面积：580平方米

- 减少包厢式的感觉，具有强烈的空间层次感。
- 采用分层设计，公共空间风格贯穿楼上楼下。
- 白色墙面与清爽素雅的墙纸搭配，充满活力与浪漫。

设计的整体风格为法式新古典奢华风。设计师在创作中不断追求创新，不断追求完美，环境风格上摒弃繁琐的造型手法，更多的则是提炼经典元素，更加简练大气又不失法式贵气。

本案中，公共活动区域墙面主要以大理石与木饰面结合的设计手法处理，尽显法式新古典所带来的高雅富贵之美。主人休息活动区，墙面主要以花梨木饰面擦色与浅色墙纸相结合的处理手法，沉稳、大气。

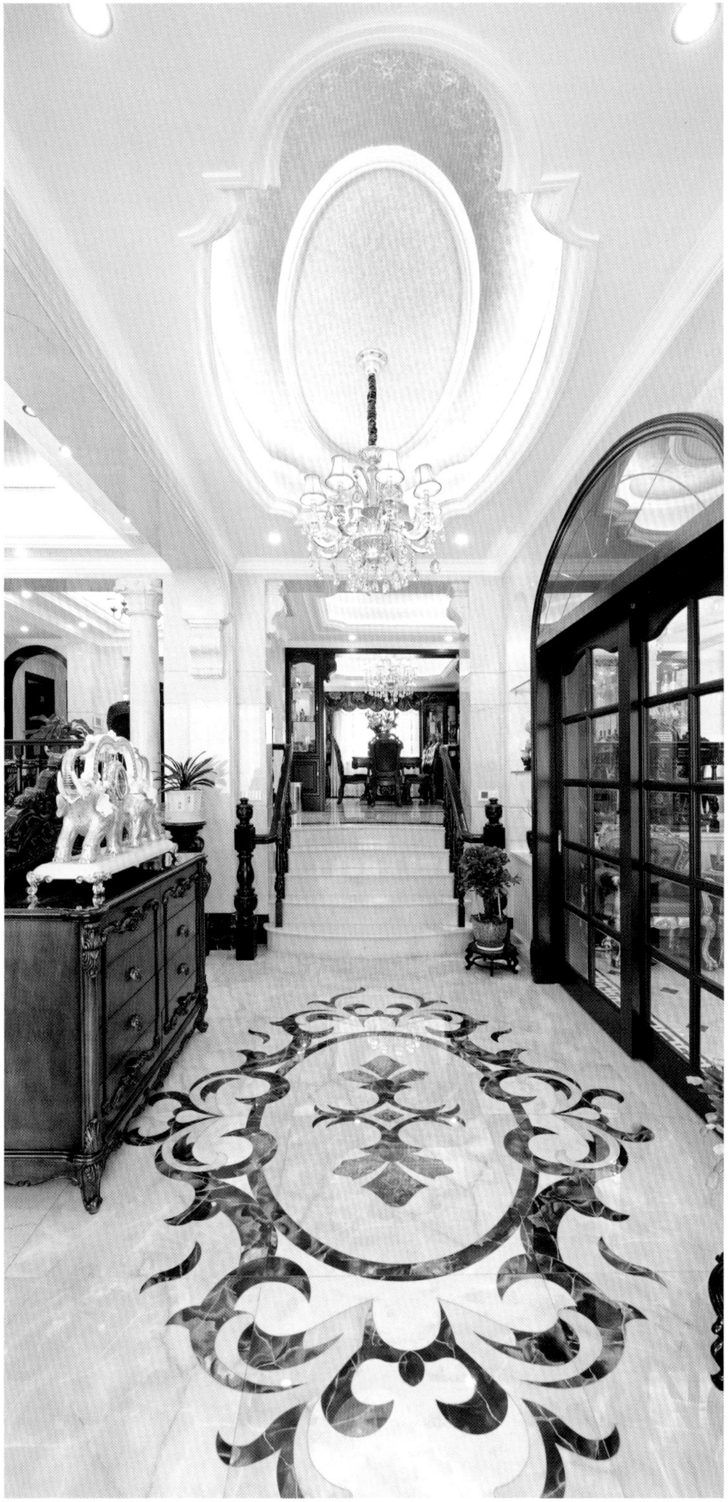

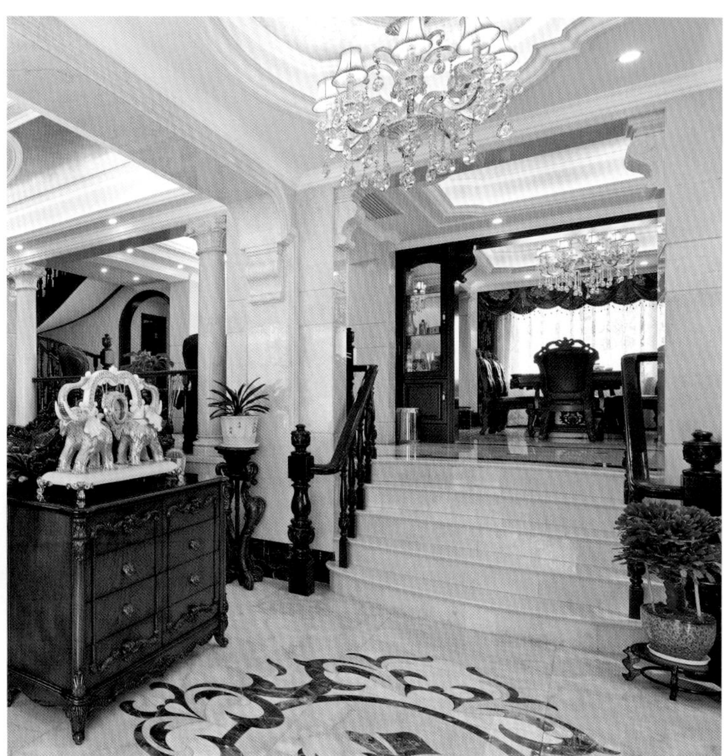

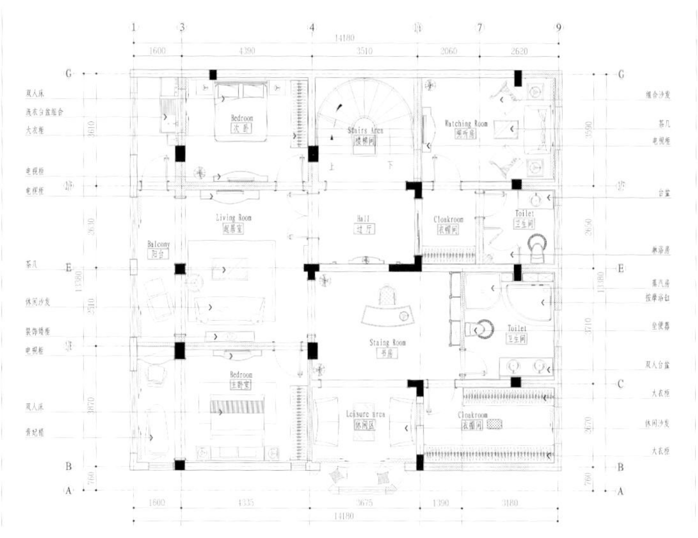

14180
1600
4390
3510
2060
2620
Bedroom
次卧
Stairs Area
楼梯间
Watching Room
视听房
Living Room
起居室
Hall
过厅
Cloakroom
衣帽间
Toilet
卫生间
Balcony
阳台
Staing Room
书房
Toilet
卫生间
Bedroom
主卧室
Leisure area
休闲区
Cloakroom
衣帽间
1600
4335
3675
1390
3180
14180

一层平面图

复古之雅

Retro Elegance

主案设计：梁苏杭
项目面积：800平方米

- 灰色调的墙饰和沙发，让人有一种柔软的放松感。
- 餐厅墨绿色的墙面和餐椅相呼应，体现奢华热情的欧式风情。
- 黑色的铁艺扶手勾勒出了空间的层叠关系。

在设计师眼中，家应该是温暖的、有感情的，它不仅是美丽而温馨的归宿，更是人生漫漫旅途中永远可以停靠的港湾。

门厅的挑高带来了充足的采光，柔和的色彩、复古的石材拼花地面和线条柔美的扶手椅，将步入门厅的客人迅速从灰色调、快节奏的现代环境中抽离出来。客厅两面落地窗充足的采光配合厚重的布帘，营造了松弛和愉悦的气氛。卧室将繁复的家居装饰凝练得更为简洁精雅，为硬而直的线条配上温婉雅致的软性装饰，将古典美注入简洁实用的现代设计中，使得家居生活更有灵性。

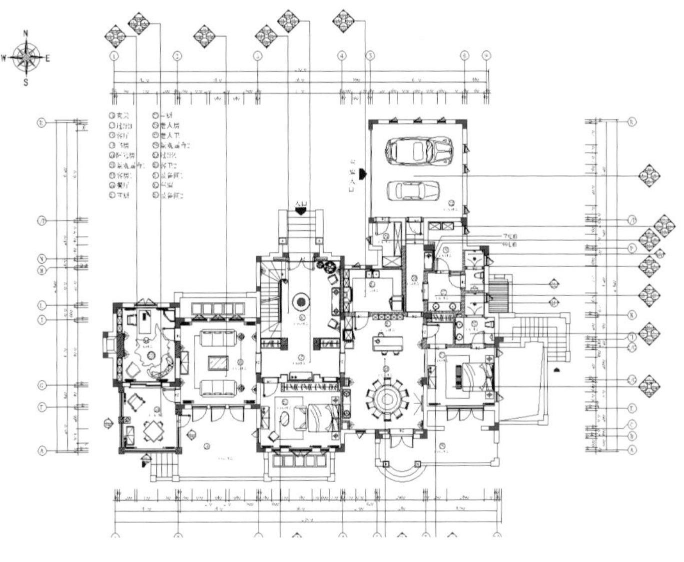

一层平面图

穿透岁月的美

Beauty Through the Years

主案设计：陈熠 / 设计公司：南京陈熠室内设计
项目面积：1700平方米

■ 对称式布局设计，体现空间的庄重与气派
■ 光线的变幻与色彩的搭配，给人轻松明朗的开阔之感

所谓“住宅”，必须是能够让人的心安稳、丰富，融洽地持续住下去的地方。那些“居家”不只是单纯的物理空间，而是会散发生命气息的“生命体”。

本案将中式的庭院与西班牙风格的建筑融为一体，散发着混搭艺术的独特魅力。设计师在充分考虑业主入住后的舒适感与便捷度后，最终以东西这条横穿线为主轴线，配以纵贯南北的几条辅线，将每个空间的价值都发挥到极致。

禅意的古代家居装饰、龙凤锦鲤图样的紫檀家具，具有内敛沉稳的东方韵味。意大利的米黄洞石、细纹的大理石，传递大自然柔软舒展的气息，营造出舒适豪华的氛围。西式油彩壁画、古董屏风隔断等，为空间增添了内敛的藏世氛围。

恋恋乡村风

The Countryside

主案设计：任方远
项目面积：560平方米

- 开放式厨房采用奶黄色墙面与碎花窗幔，具有家的温暖 。
- 原木色地板，黑色实木大床搭配碎花床单，简单却富含情调。

以“享受”为设计的最高原则，使居住环境带有浓浓的乡村气息。设计师在设计时，在空间中融入了一个完整的故事，体现“家”的精神面貌。家具强调舒适度和生活机能，色彩或自然清新，或饱和艳丽。

设计师将古典的家具平民化，讲求简化的线条、粗犷的体积和棉麻质地的布艺，加入一些小碎花布艺、铁艺、陶艺制品。家具陈设的自然、怀旧，饰品色彩的闲适、简单，摒弃生活中的繁杂，涤荡工作的繁重，只为自然之美。随意舒适的乡村风格，满足最初将家变成释放压力、缓解疲劳的地方的想法。

古典新生

Classical Reborn

主案设计：池陈平
项目面积：500平方米

- 沉稳的灰色复古花纹沙发，彰显精致奢华，金色镶边的骨瓷茶具，华丽却不失清雅。
- 回字形的楼梯设计，衔接别墅室内空间，增添空间美感与设计感。

本案将欧式新古典主义的奢华风范演绎到极致，整个别墅装饰不论是空间布局、色彩搭配，还是家具饰品，都散发着华贵高雅的韵味。带点中式元素的玄关设计、暗红的门、黄金的墙纸、素雅的装饰画，明亮大方，给人以开放、宽容的非凡气度，让人丝毫不显局促。

在客厅装饰中，设计师依旧延用新古典主义风格常用的水晶灯来渲染空间的奢华感，无论是沙发、茶几，还是地毯、窗帘，新古典的精雕细琢、镶花刻金都体现得淋漓尽致。深色沙发搭配艳丽的地毯，相得益彰，精致的欧式图案装饰更显华丽；窗台上的复古留声机，无声胜有声。

浪漫华丽

Romantic Glamor

主案设计：李新喆
项目面积：350平方米

- 运用石材雕刻的手法，使空间有贯穿感。
- 将紧凑的造型与夸张的细节相结合，打造了一个小体积、大规模的居所。

设计师运用独到的笔触塑造出别致的居住空间，整体设计以宽大、舒适为主。营造优雅、浪漫的生活氛围。注重细节设计的完整性，运用利落的线条，丰富的材质赋予空间生命力。透过室内与室外，光线与空间，所见之处都有赏心悦目的风景。餐厅的调光设计可以制造出不同的氛围。走廊的处理具有古典与现代的双重审美效果，塑造了空间的独特个性。

设计师将灵感、创造力完全应用于设计，不被任何因素约束，从而成功地打造了这一理想居所。

| 亚太名家别墅室内设计典藏系列之五 | 目录 |

| 中式风韵 | 都市简约 | 原木生活 | 欧美格调 | 异域风情 | 自由混搭 |

住在云端

Live in the Cloud

主案设计：钱超
项目面积：870平方米

- 统一的木地板铺陈出随性的深浅条纹，具有流动感，搭配大理石墙面，视觉宽敞。
- 一片露台，一面落地窗，饱览最美天际线，视野开阔，自然色调主导一切。

也许每个男人都有一颗想要攀越巅峰的心，就像每个女人都有一个住在云端的梦；而在一座城市，住在顶层，往往给人一种征服感和一种超脱人海的安全感。这间位于鄞州中心区的顶层复式大宅，恰好成了业主一家享受这种感觉的心灵居所。

“生活的空间应该是灵活多变的，正如生活本身一样。”一直以来，设计师总是把这句话作为自己的设计信条。通过格局和结构的调整，设计师足足为新家扩充了100平方米的面积，但家中房间数量却有所精简，保证了每个房间都能享受到充足的阳光。

通过对阳台的处理，厨房的面积得到了扩充。别致的储物设计，让厨房中几乎所有物件在不用时都可以被轻易地隐藏起来。另外，厨房电动感应门的设计让出入变得更加自由。改造后的公寓共有四间卧室、四个卫生间、一个健身房、一个影音室、一个茶室和一个储物间。精心挑选的复古家具、系统的配色，成为一个又一个恰到好处的装饰亮点。设计师并不热衷浮夸的装饰，但却用高质量的材料和精简的运用呈现了人们所向往的那种浪漫基调。

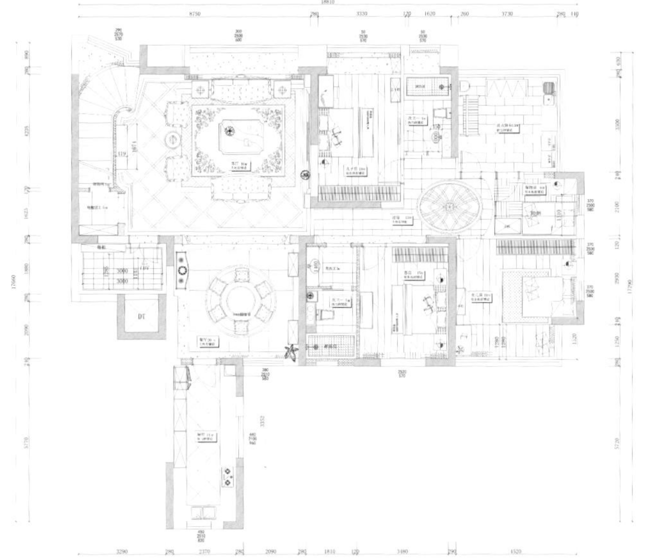

平面图

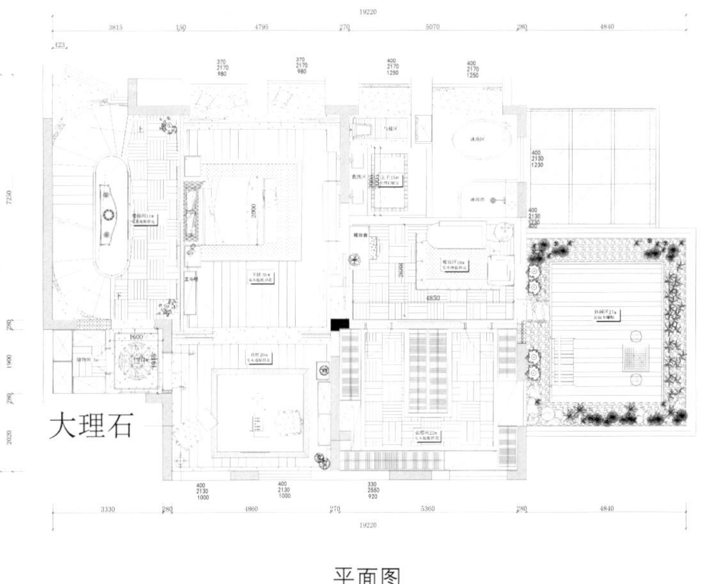

平面图

戴斯大卫营

Des Camp David

主案设计：梁瑞雪
项目面积：500平方米

- 窗型设计兼顾了室内风格与外立面的协调统一。
- 用钢结构制作大旋转楼梯。
- 打掉客厅天花板，使之成为挑高空间，提升空间感。

业主要求的功能是休闲、度假，在具有普通住宅应该有的功能以外，还要有接待、会议、洽谈、娱乐等具有企业会所性质的功能。

为达到业主的要求，设计师对原始结构进行了大幅度的改造。一层的功能为接待，设计师全部安排为开敞空间，包括餐厅、厨房也都具有接待功能。虽然为全开敞的空间，但也要组织得开而不乱，设计师根据业主的生活习惯和工作习惯，组织的动线是按使用频率和开放程度层层递进的，以此为依据安排各个功能区。

二层为半开放空间，设置了会议室和娱乐室。三层、四层为卧室。因为是度假别墅，在风格定位上设计师首先倾向于轻松、随意、清新自然，同时在其中加入坚毅、阳刚的企业精神。因此设计师打造了一个混搭的空间。硬装比较简单，是开放和包容的，让轻松休闲、坚毅阳刚能在其中和谐共存。软装设计师选择的都是带有轻loft风格的产品，如钢铁、做旧木材、仿石材、铆钉皮革等粗犷的材质。

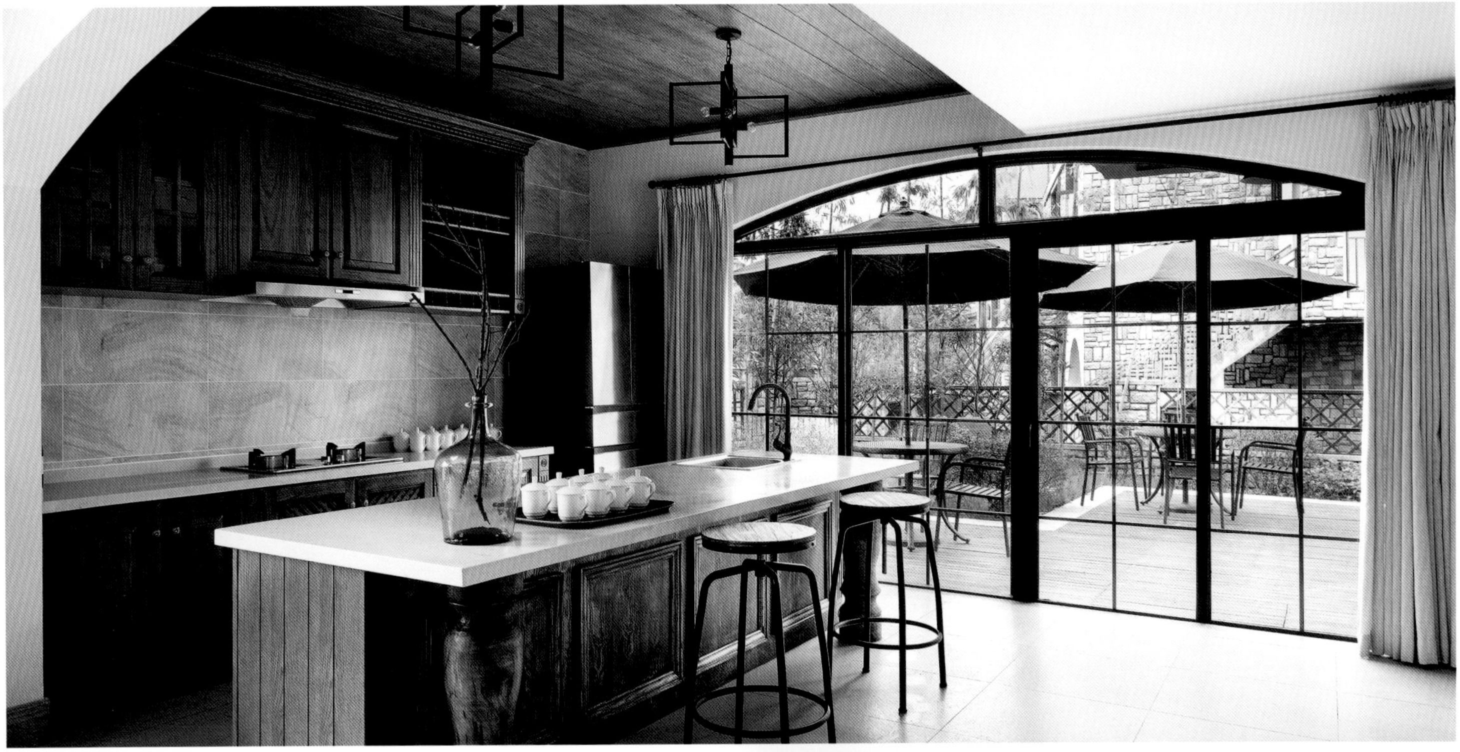

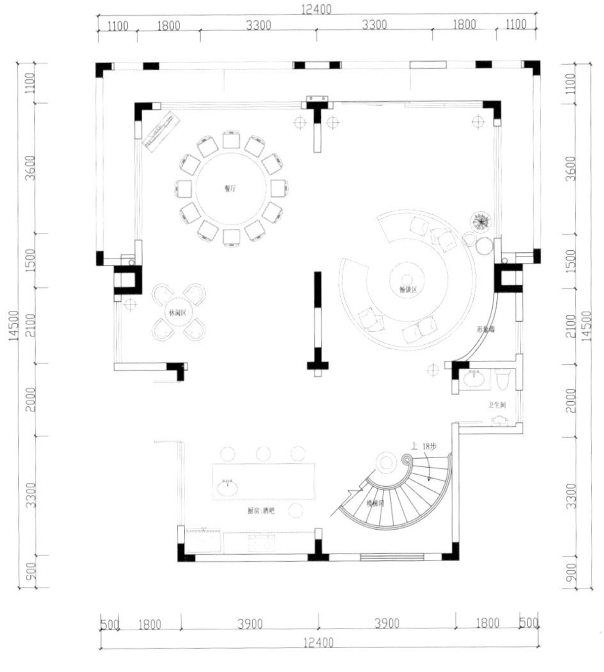
12400
1100
1800
3300
3300
1800
1100
14500
1100
3600
1500
2100
2000
3300
900
500
1800
3900
3900
1800
500
12400

一层平面图

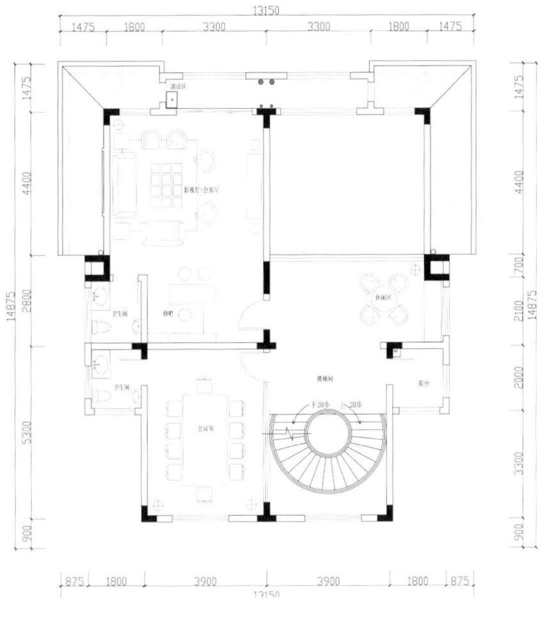
13150
1475 1800 3300 3300 1800 1475
清洁区
影视厅\会客厅
卫生间
酒吧
休闲区
卫生间
楼梯间
阳台
下20步
20步
会议室
1475
4400
2800
5300
900
14875
1475
4400
700
2100
2000
3300
900
14875
875 1800 3900 3900 1800 875
13150

二层平面图

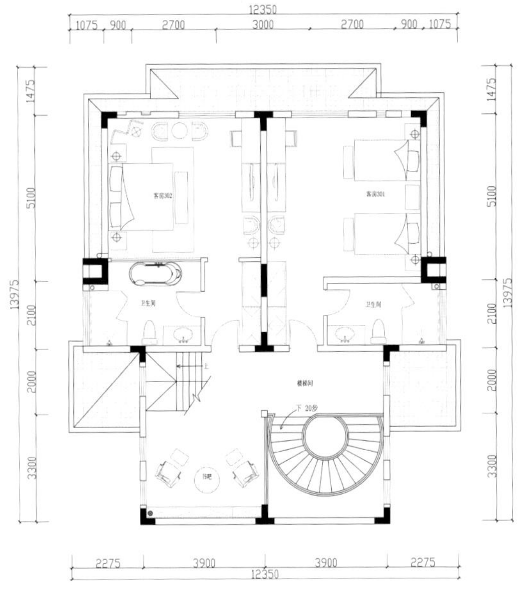
12350
1075
900
2700
3000
2700
900
1075
1475
5100
2100
2000
3300
13975
2275
3900
3900
2275
12350

三层平面图

花园别墅

Gardern Villa

主案设计：张艳芬
项目面积：230平方米

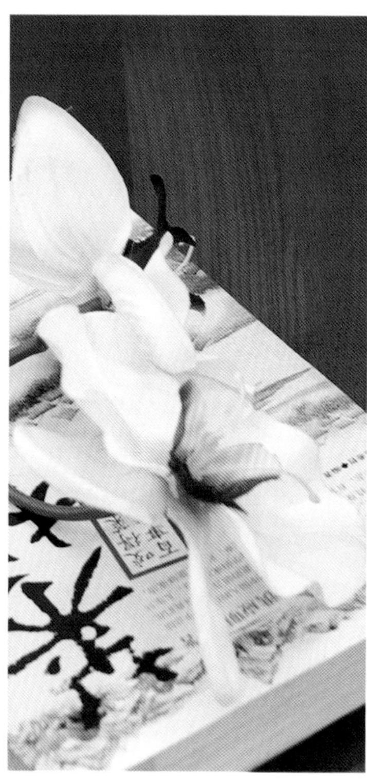

■ 混搭，自由主义。
■ 沙发背景装饰画色彩亮丽，别具一格。

光鲜的都市生活是令人羡慕的，但压力与繁忙也是这种生活的一个部分，懂得享受才令人鼓舞，生活上的富足、工作上的成就都要平衡。东南亚风格的流行，正是源于人们对都市生活的精神叛逃，渴望回归到自然中去，那些木纹，那些花草，传达出对自然的亲近与崇拜。

室内造型以直线为主，线条简洁，注重实用功能，格局进行了比较大的调整。优质的天然材质，委婉的东方神韵，为空间带来不一样的享受。家居中融入了精神世界，让家人身心健康，生活得舒适自然，气定神闲，家庭气场和谐，生活有意思也有意义。

13455
240
6800
1470
1050
135
2130
220
1170
240
客厅
餐厅
厨房
客卫
休闲室
240
430
4130
975
430
1060
820
600
310
2130
220
1170
240
13455

一层平面图

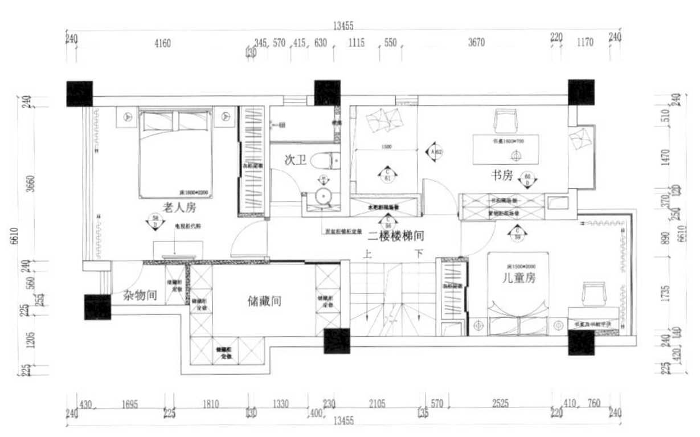

二层平面图

13550
240
4160
130
1730
230
510
4920
230
1170
240
主卧
主卫
生活阳台
三楼楼梯间
下
杂物间
更衣间
3660
6610
2575
6635
2765
430
1695
225
1810
1330
400
2050
250
3130
220

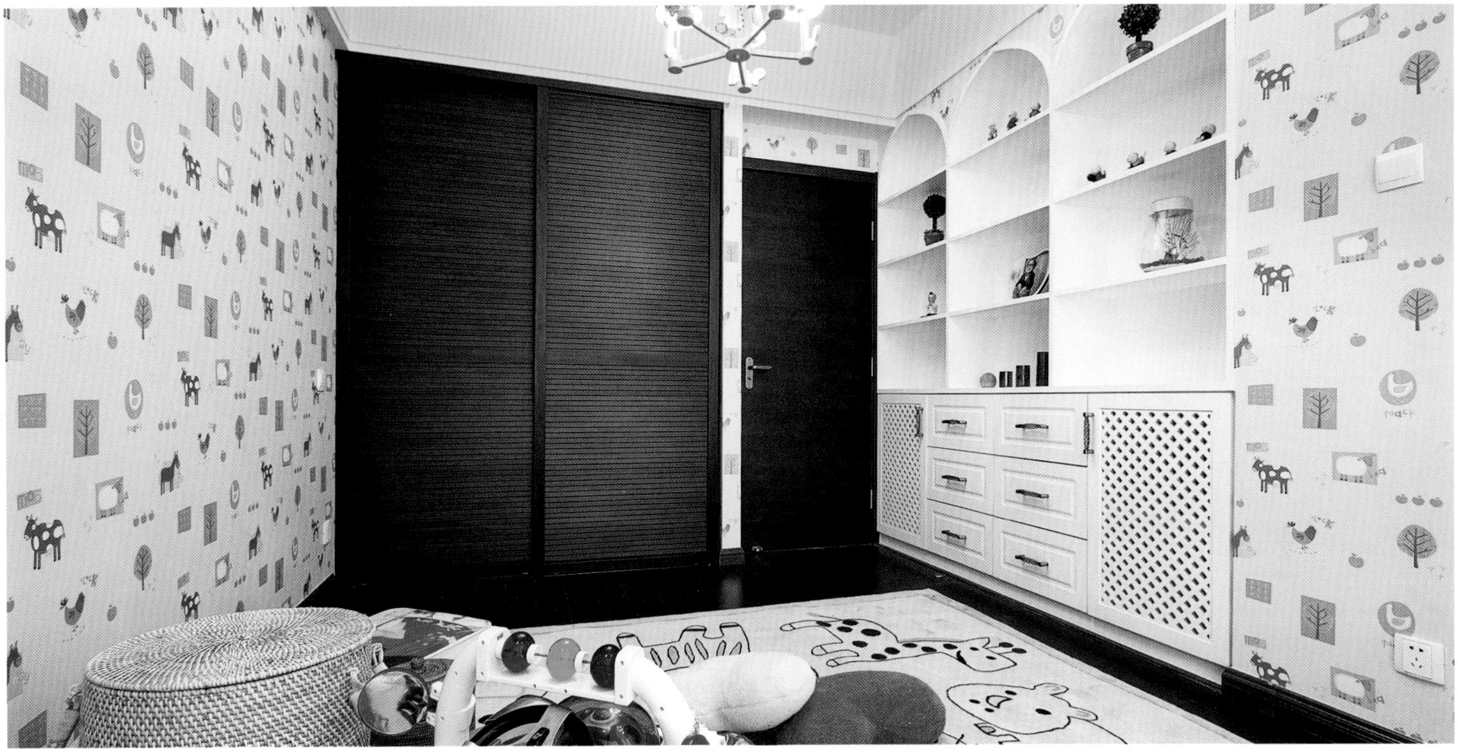

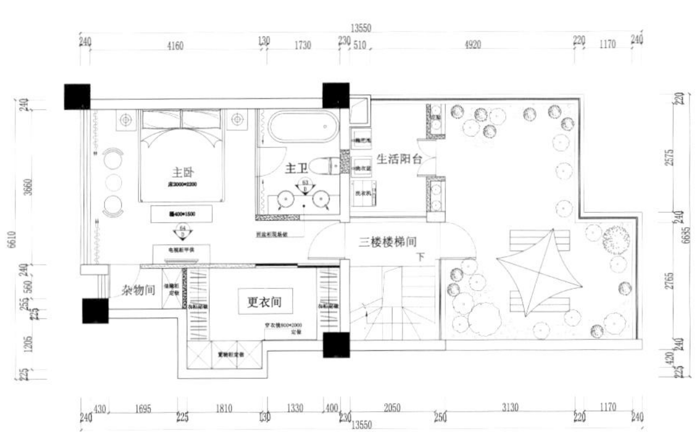

三层平面图

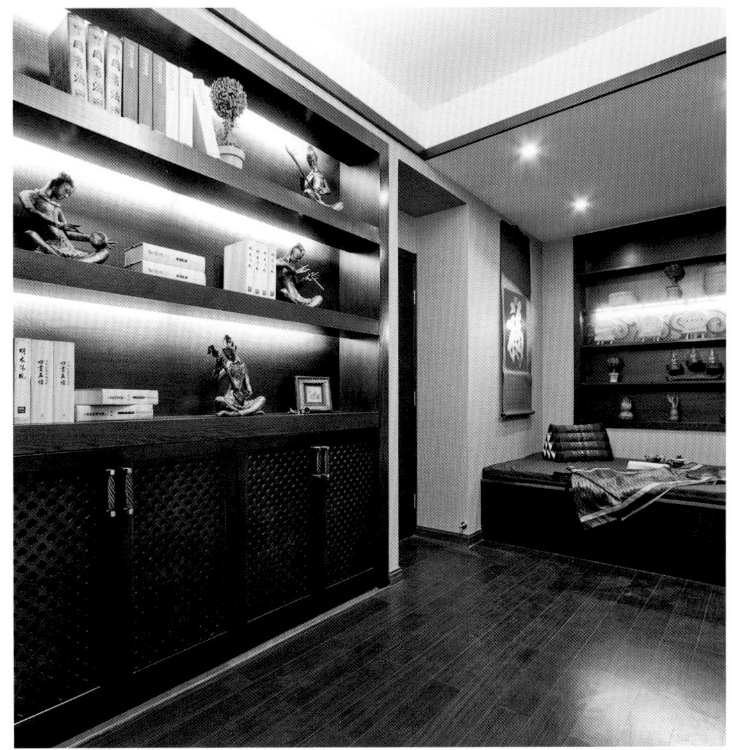

追忆伊斯坦布尔

Recalling Istanbul

主案设计：于月
项目面积：189平方米

- 一个东西文化交融的、有淡淡感伤的怀旧的空间意境。
- 选用洞石和原木和花砖来加强空间的交融怀旧感。
- 客厅中间加一根立柱，把客厅与餐厅分成两个似隔未隔的空间。

设计思路来源于对伊斯坦布尔的回忆。拥有2700年历史的，横跨欧亚两大洲、东罗马和奥斯曼两大帝国的帝都，有太多的故事，太多的回忆，欧亚两种文化在这里并存交融，走在鹅卵石的街道上，博斯普鲁斯海峡游船上凭栏远眺欧亚两大洲，沉醉在蓝色清真寺索菲亚大教堂每天几次此起彼伏的格利高力咏叹调中。

伊斯坦布尔是多元的、怀旧的、带一点点忧郁的、神秘的。

游戏

Game

主案设计：方信原
项目面积：180平方米

- 低调质朴的素材和细腻工艺的碰撞。
- 淡淡地展现出低度设计中奢华的表现。
- 空间氛围如同高低音符的编曲，呈现出一首轻快但富音律变化的曲目。

开放空间中，两处大小直径不同的大圆斗，由楼板穿透而下，成为空间里的大型装置艺术。传达出东方文化精致层面的美感，亦加深空间张力的冲突性及视觉的震撼感。无论由上而下，或由下而上，都形成了强烈的视觉感官刺激。同时结合灯光设计，提供照明的使用机能。一大一小圆斗造型和壁面圆形内凹结构的时间指针，所形成倒三角画面的构图，使得元素的运用立体而有趣味。空间结构中出现的盒体及圆斗，分别传达出不同意喻：方形盒体，笔直利落的线条，传递着代表西方科学的理性思维；大圆斗的运用，东方人文精神中圆满之意喻，自不在话下。东西元素的交融汇集，于此展开和谐的对话。

家具家饰的搭配，多样貌的使用方式，给予现代居所新的定义。光是照明，亦是指引及标示。透过光的指引，引领视线进入简易且充满东方文化的富丽不失优雅的空间。东方色彩及肌理表现的壁纸，结合以铜质打造的壁灯，搭配轻快色彩的块状量体，使得空间呈现轻快、雅致、舒适的氛围。

卡萨布兰卡

Casablanca

主案设计：董波
项目面积：120平方米

- 客厅大面积运用了鲜艳的色彩，让人能够感觉到热情奔放。
- 背景是一件衣服订成的画，创意非常新颖。
- 将手工地毯和一些东南亚国家做手工食品的工具作为装饰。

Home

“还是那个不变的吻，不会褪去的叹息，任时光流逝，真实永不变……”这句来自《卡萨布兰卡》的经典歌词，正是表达了孕育了这个爱情传奇的北非国家——摩洛哥的迷人之处。

设计提取了摩洛哥的建筑特点和经典色彩，大胆地运用在门洞的造型和墙面处理，本案的女主人热爱建筑，喜欢旅游和收集，有着独特审美。所以在软装搭配上，设计师结合女主人的个人爱好，在挂画、抱枕、边几、植物等软装选择上，营造艺术氛围浓厚的异域风情，色彩丰富而极具文化底蕴。

本案的颜色非常有冲击力，拱形门、异域风格原木家具、别样的软装和灯饰，都给人以异域的体验。红色墙面可能会给人浮躁及不舒服的感觉，但实际上赭红色因为家具的存在，则并无很大困难。餐厅在客厅原有色彩上过渡，达到了一种色彩和谐的氛围，让人置身其中感受到无处不在的异域风情。

ANTONI GAUDÍ 1852-1926

拉普兰·秋色

Autumn Scenery

主案设计：杨坤 / 设计公司：支点设计
项目面积：197平方米

- 高浓度色彩，颜色丰富，搭配自然，层次感强。
- 不同材质和风格的家具，和谐而富有变化。

拉普兰,位于芬兰、挪威的北部,这里常年白雪覆盖,是北欧最容易见到北极光的区域之一,这里也是冰雪女王和圣诞老人的家。但在每年九月会有短短2周左右的时间,这片广袤的土地上,会由多种多样的阔叶树和针叶林,还有地上的野莓和苔藓,构成了鲜明的色彩,红色、赤褐、蓝色、绿色、金色……异彩缤纷,构成美不胜收的迷人秋色。

设计师尝试着将这种秋色带入室内,选用富有肌理感的白色壁布墙面,顶面辅以少许深棕色的木饰面,搭配带有沧桑历史痕迹的灰色水泥砖地面。这带有宁静意味的白,还有深棕色的木质传来源自大地色系的温暖,加上高级灰沉淀的优雅气质,使整个空间处于一派宁静而安然的画面。将秋季那斑斓的色彩交织在窗帘、沙发、抱枕这些需要大量布艺的地方,将这些高浓度的色彩精心雕琢组合起来,分别散落在每一个空间,形成视觉上的层次感,让整个空间的色彩精妙别致,简单而纯粹,恍若置身在拉普兰的苍穹下。你能感受到在这个季节,各种色彩魅力交织,源源不断地汇聚着艺术的气息,一幅美轮美奂的画卷由此展开。

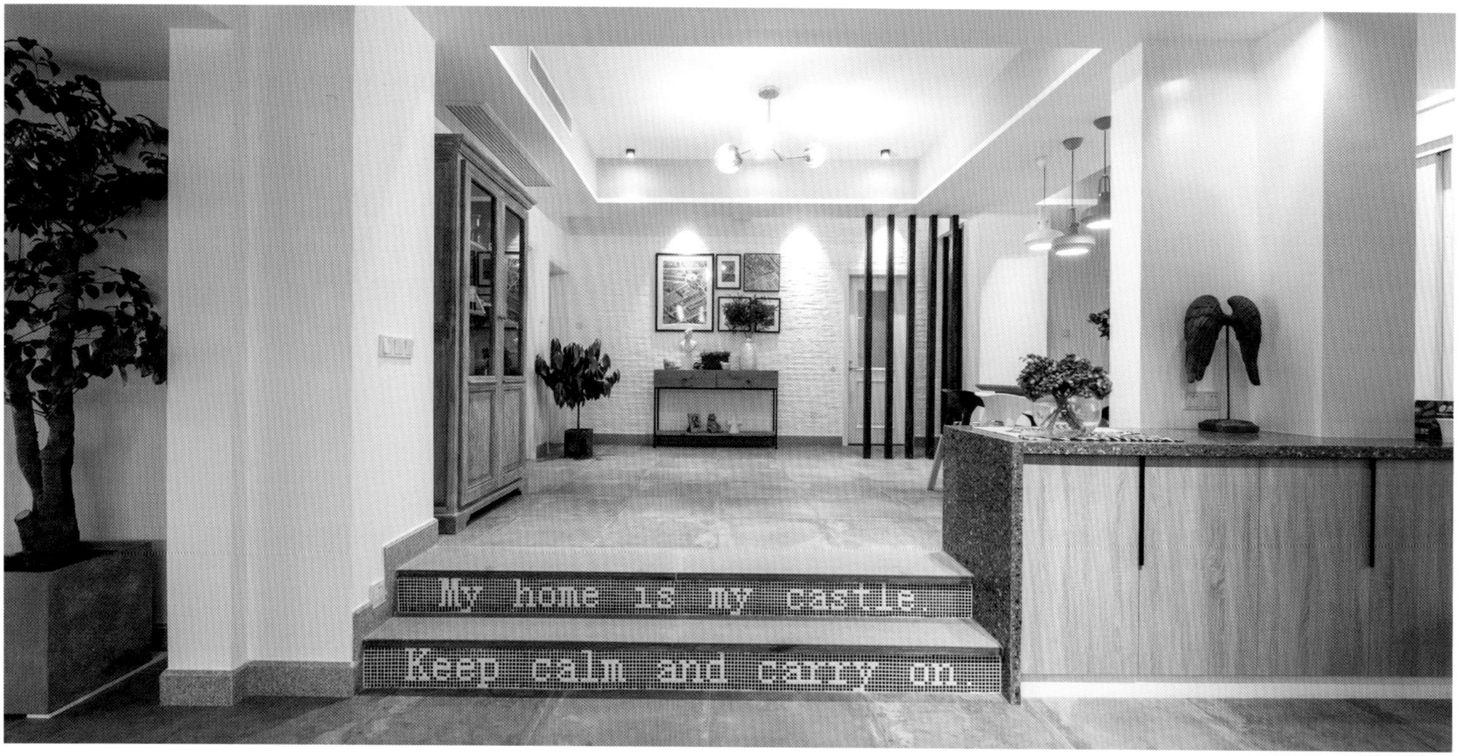
My home is my castle.
Keep calm and carry on.

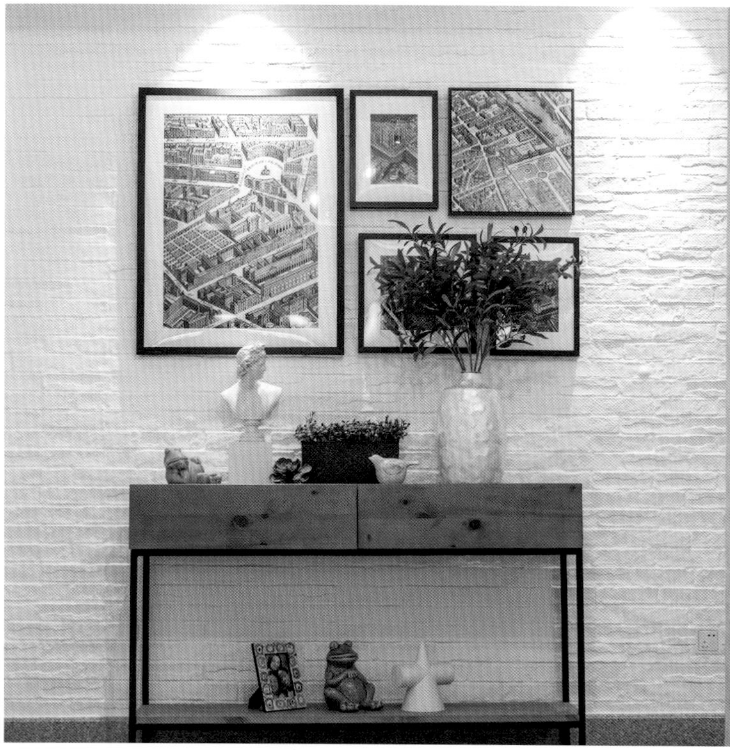

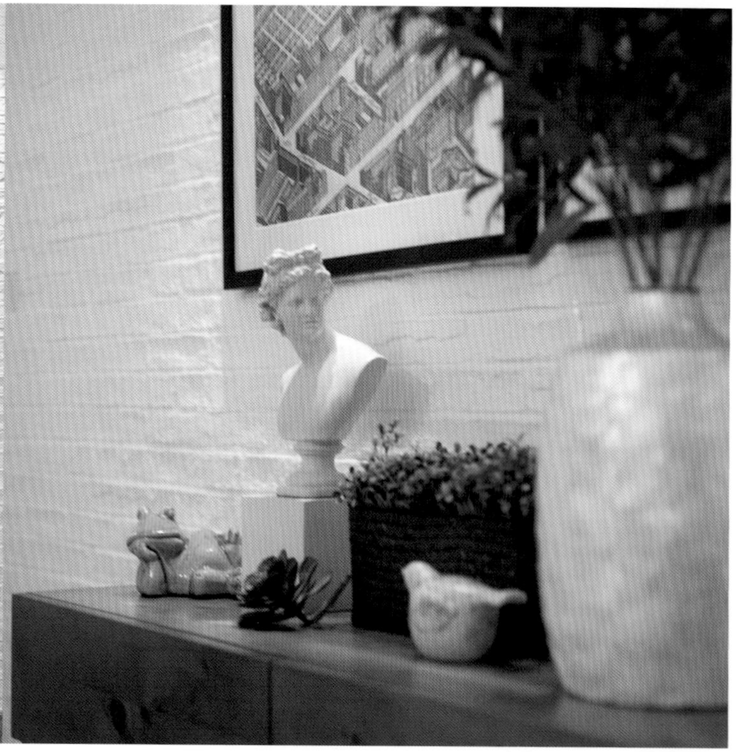

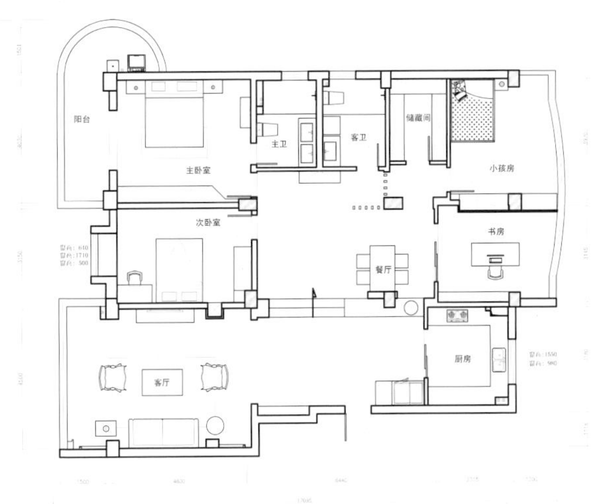

平面图

复地上城

Forte City

主案设计：兰波
项目面积：260平方米

- 黑白作为基调色，金色作为点缀色。
- 智能电动窗帘提高居家的科技感和未来感。
- 现代简约的电视背景下面是一个简单的壁炉，烘托出居家的艺术气氛。

室内以质朴的现代简约木条，木质饰面板与硬性的石材玻璃材质结合，大面积的落地玻璃窗，引入户外的自然景观，模糊室内外的界限，向户外延伸。

干净的白色，魅惑的黑色，石纹原色的地板，开阔明亮之际交织着时尚大方的气息，仿佛进入到此空间的人们，都会变得豁然开朗。

二层保留了客户的以前家具，白色的墙布，从一层延伸至二层的木质地板，3D立体墙画及水泥质感的天花，营造了自然、返璞、唯美的生活场景，二层的阳台是非常重要的内外互动空间，采用折叠滑门的设计，打通了内外之间的联系，把室外的自然景观引入室内，大大提升了建筑与自然的艺术性。

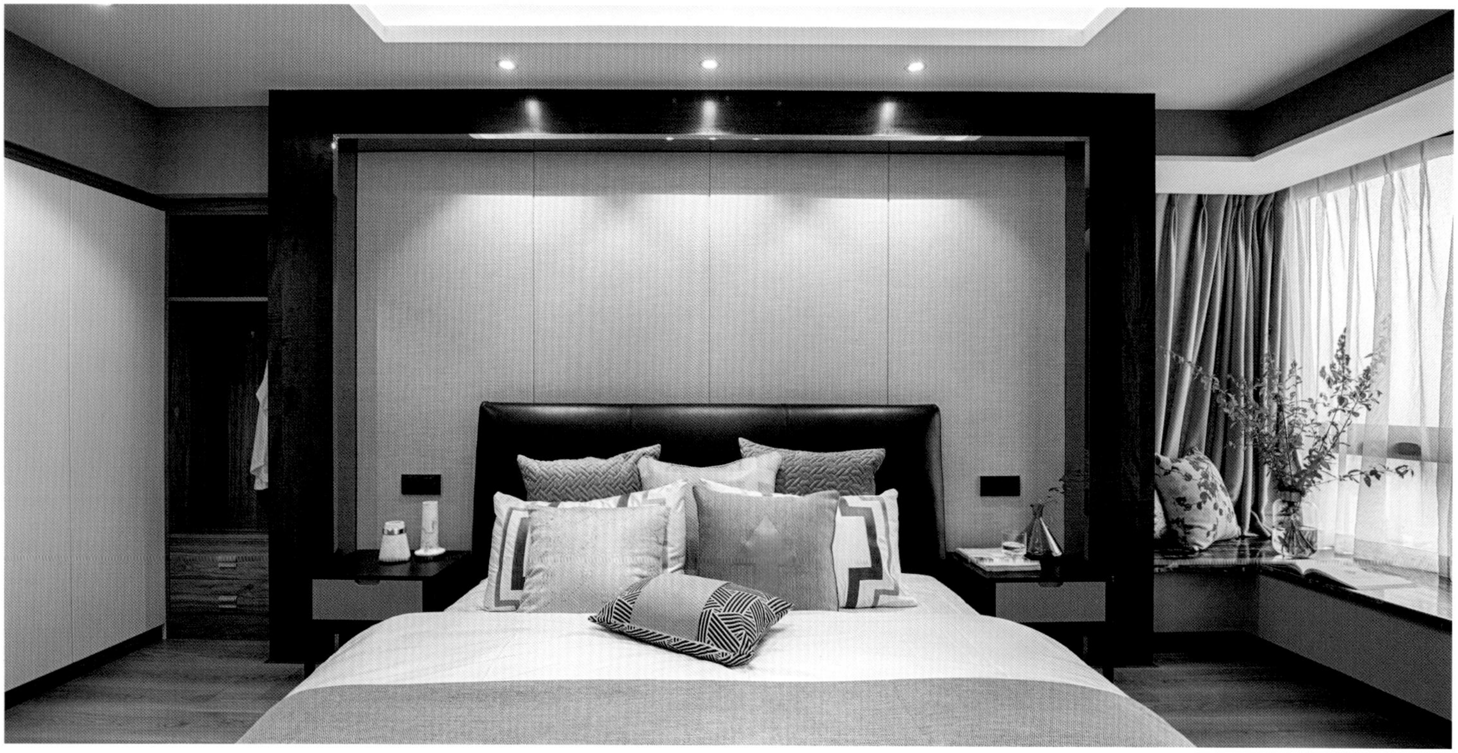

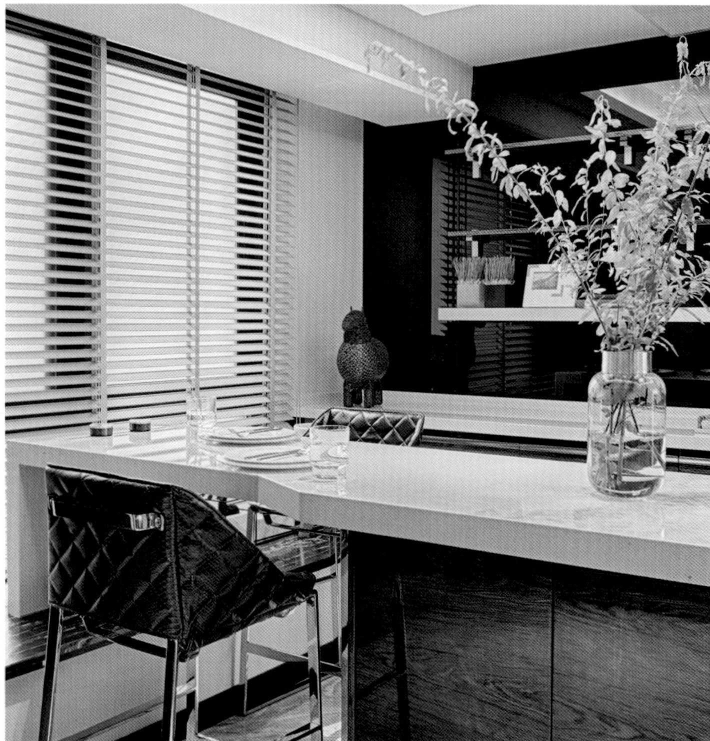

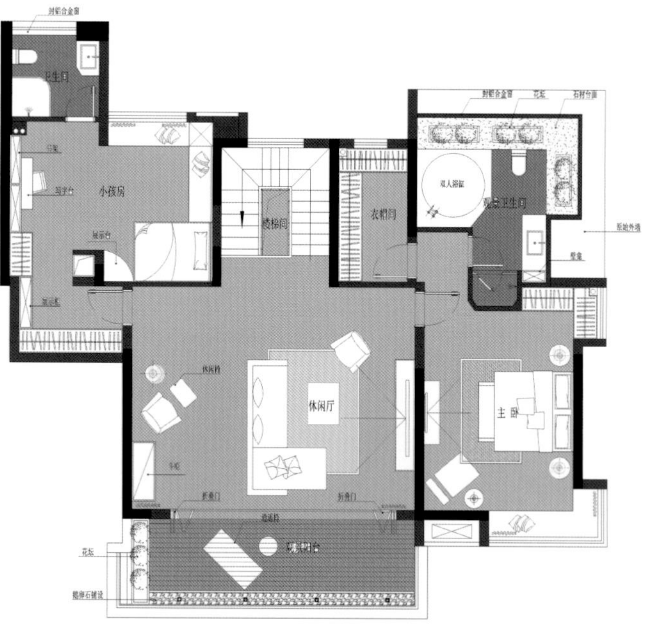

封铝合金窗
卫生间
书架
写字台
小孩房
展示台
展示柜
楼梯间
休闲椅
休闲厅
书柜
折叠门
逍遥椅
观景阳台
花坛
鹅卵石铺设
封铝合金窗
花坛
石材台面
双人浴缸
观景卫生间
衣帽间
原始外墙
壁龛
主卧
折叠门

平面图

浓情墨意

Thick Style

主案设计：王坤
项目面积：290平方米

- 布局良好，舒适，实用。
- 山水墨意，居家舒适方便。
- 最大化低碳。

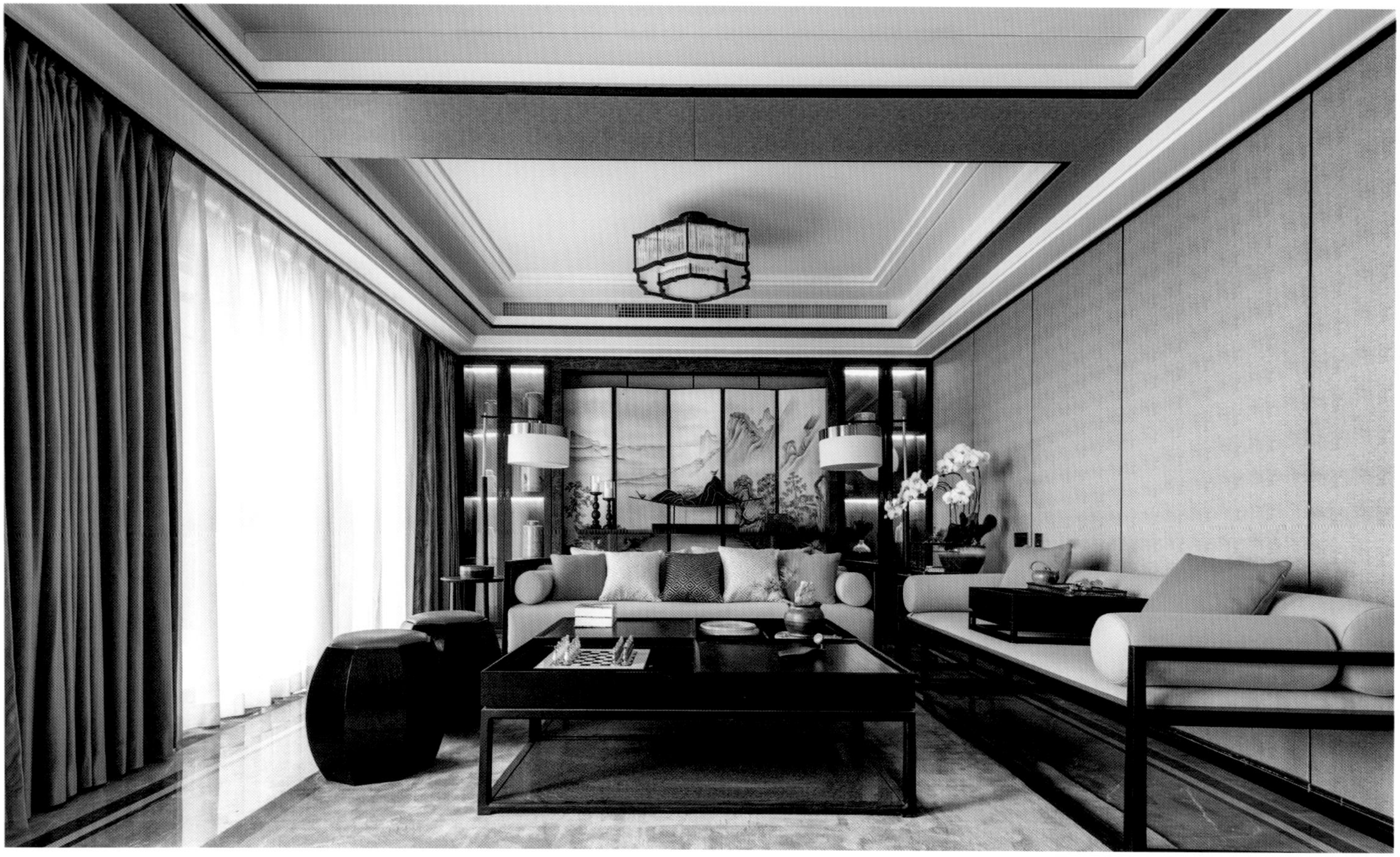

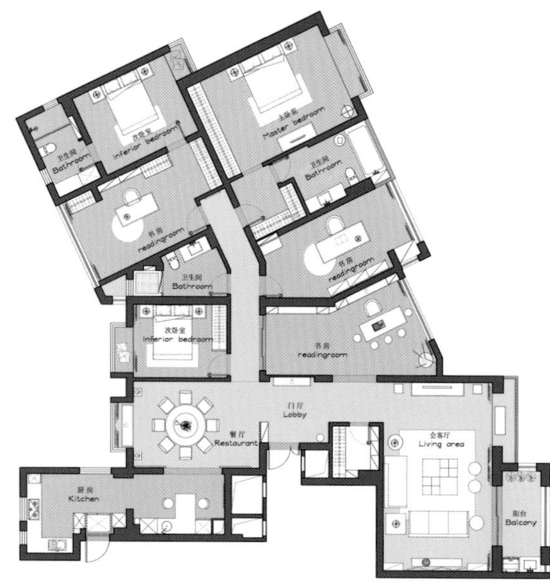

卫生间 Bathroom
次卧室 Inferior bedroom
主卧室 Master bedroom
卫生间 Bathroom
书房 readingroom
书房 readingroom
卫生间 Bathroom
次卧室 Inferior bedroom
书房 readingroom
门厅 Lobby
餐厅 Restaurant
会客厅 Living area
厨房 Kitchen
阳台 Balcony

平面图

千灯湖一号

Qiandeng Lake No.1

主案设计：谢法新
项目面积：280平方米

- 追求生活品质，家具用品追求美感和实用性的兼备。
- 整体采用蓝、白、灰的色调搭配。
- 打造出温暖而舒适的光氛围。

客厅平面格局十分明朗开阔，运用鲜明色彩的饰品和台灯点缀空间，蓝色和橙色是补色关系，橙色与补色相搭配时会给人一种简洁、幽静、平缓的感觉。背墙透过装饰画传达欧式韵味，以连续性的材料铺陈及适度留白，塑造简洁的空间感受。

从客厅朝餐厅放望，装饰线条不显冗赘繁缛，重视物料质感，选材上以物料的亮泽感表达精致性，并配合柔和的间接光源规划，宠爱肤触与视觉的细微感受。陈设部分则用灯饰、蜡烛、植栽以及艺术品来丰润环境气色。餐厅的红色挂画大大提高空间的注目性，使室内空间产生温暖的感觉。

卧室格调以棕色为主，而床头红黄交织的装饰画能带来热烈、兴奋、激情的感情，大胆使用明丽色彩的抽象画与沉稳的室内风格形成反差。床头背景保留适度的开阔感，满足远观和细赏的动线需求。在照明规划方面，使用吊灯，辅以局部嵌灯，打造温暖舒适的光氛围。

梦织花园

Charming Oriental

主案设计：李雪
项目面积：240平方米

- 将古典与现代共冶一炉，碰撞出意想不到的惊艳之美。
- 蓝灰色为主色调，橙色和中式青花的蓝色，混合黑白几何元素。

文化的边界在消融，无谓南北，无谓东西。设计师希望把阳光下行走的轻快、初夏雨露为鼻翼带来的甘甜、童年五彩片段拼接出的回忆等这些美好的东西留存，通过家传达出一种喜悦，当这种喜悦在随处可见的青花瓷、工笔手绘、绢画等具有东方元素的东西上喷薄而出的时候，仿佛为我们展现了一幅旖旎的东方壮丽画作。

设计师说自然的融合赋予家神秘的新生命，“童年里陪我一起长大的小猫咪，儿时父亲原创的木马，阳台鸟笼里的画眉鸟儿，还有和我属相一样的猴子，它们是我生活的点滴，也是这个家的主人”。

美式斜屋顶和木作天花营造出温馨的室内氛围，推开门是精心打理过的四季花草。楼下为生活起居空间，美式斜屋顶带来舒适的挑空，阳光与清风通过双开门进入室内，布艺沙发让人不禁张开慵懒的怀抱投入其中，配合木家具带来轻松惬意的田园风。

楼上设置活动交流、阅读、禅茶、画画区域，设计师把木马、摇椅、大板桌、画架聚集到这里，甚至做了一面到顶的屋顶书架和滑动楼梯，阳光花房的空间氛围生态、文艺、舒适且有趣。

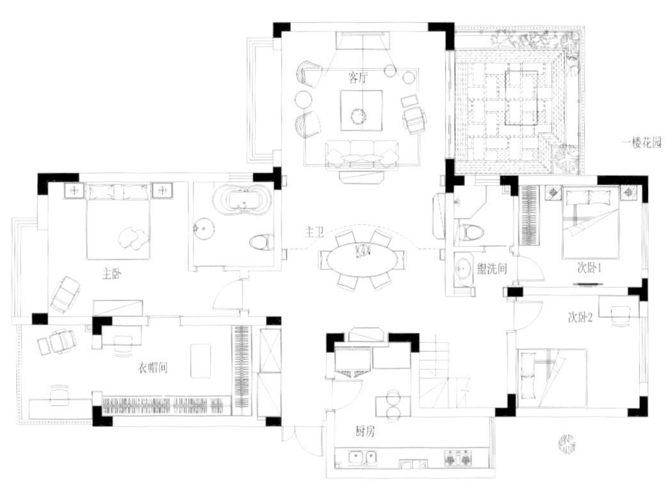

平面图

IRISH
Romantic Style

格林童话
Grimms Fairytales

主案设计：蔡佳莹
项目面积：130平方米

- 采用大量童话风格墙纸。
- 家具颜色跳跃性较强。
- 体现了地中海风格的特性，浓浓的趣味性。

BEARS

业主是有着一个两岁孩子的年轻父母，因为有孩子，所以一直有一颗童心。本案例的名字叫做“格林童话”，设计师将这套作品献给家有可爱宝贝、怀有一颗童心的年轻父母。

在整个房子里随处都是一个童话小故事，每个空间都有属于自己的内容和故事。相对于外表的装饰，内部的储藏空间也是不容忽视的，外表是床的榻榻米其实内部就是一个躺下的柜子。单独的储藏间更是满足了一家人的储物需求。

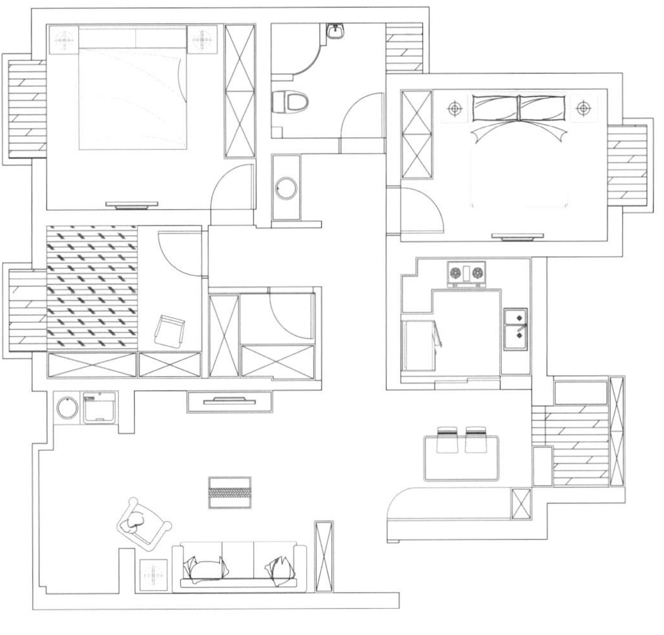

平面图

北京遇上西雅图

Beijing Meets Seattle

主案设计：刘金峰 / 设计公司：金风室内设计事务所
项目面积：220平方米

- 主卧，精致而不浮夸，都是生活痕迹。
- 中西风格碰撞。
- 色彩搭配自然。

设计师一直喜欢用电影的方式去做设计，每个人都是有故事的，设计师喜欢听客户讲她的故事，在沟通中寻找到客户独特的气质，将这种气质融入到空间的设计中去。

本案例的设计，一样源于一些故事。业主喜欢欧美的舒适，同时也割舍不下中式文化的儒雅，那何不来一场文化的相遇呢？如同北京遇上西雅图一样，让两种风格在这个空间里相得益彰，在西方文化的设计中，烙上中国的印。

生活从来都是如此宁静，起波澜的是我们的内心。那些和生活有关的细节，都是那么地自然，一切从来就在那里。罗马柱让整个空间挺拔而大气，更显家私的精致。那些在壁炉前的情话，那些只属于你我的温暖，有些东西在有了之后，你的生活也随之改变。我们没办法创造生活，我们只是生活的美化师。我们热爱美好的事物，热爱那些美丽的时光。

魅·颜

Charming

主案设计：苏丹
项目面积：100平方米

- 鲜明跳跃的色彩、仿若无章的摆设。
- 各种装饰的混搭，展现其独特的魅力和另类的个性。
- 随处可见铁艺置物架，富有情趣。

DAIKIN
NEWYORK

本案以魅为名，构建出一种别样的空间气质，混而不杂，迷而不乱。每个角落里仿佛都滋生着让人心驰神、往欲一探究竟的魅者气息，妖娆而诱惑。

业主是一对从事平面设计的小夫妻，生活没有拘束，在他们看来，生活就该这样，没有规则，没有风格，随心所欲。他们的家，自然也要如此。

设计师从业主角度出发，业主觉得层高不够，那么就去掉一切多余的吊顶，只留原始的钢架结构，再刷上颜色；业主比较好客，那么一楼就全部打开，做成开放式空间，准备好沙发、卡座、吧椅，满足朋友之间小聚的需求；原本一楼的卫生间改成了厨房和洗衣房，空间规划上楼下作为会客阅读区域，楼上作为休息室和储藏空间，做到动静分离。此外，业主夫妻还有很多有趣的东西，随处可见的铁艺置物架则让它们都有了“安家之所”。

在设计师看来，生活没有规则，家装更不用局限于固定的风格，设计源于生活并且服务于生活。一切，都以生活为主。

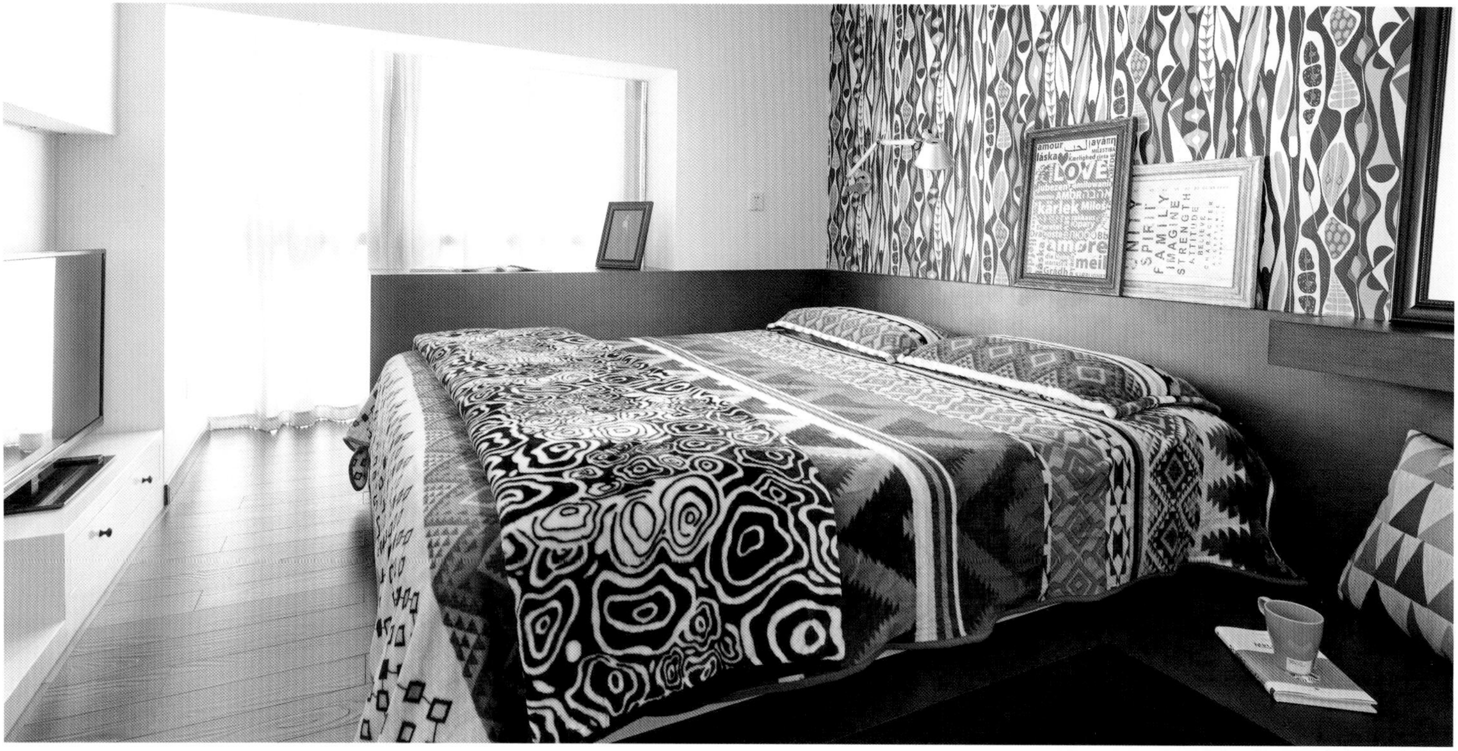

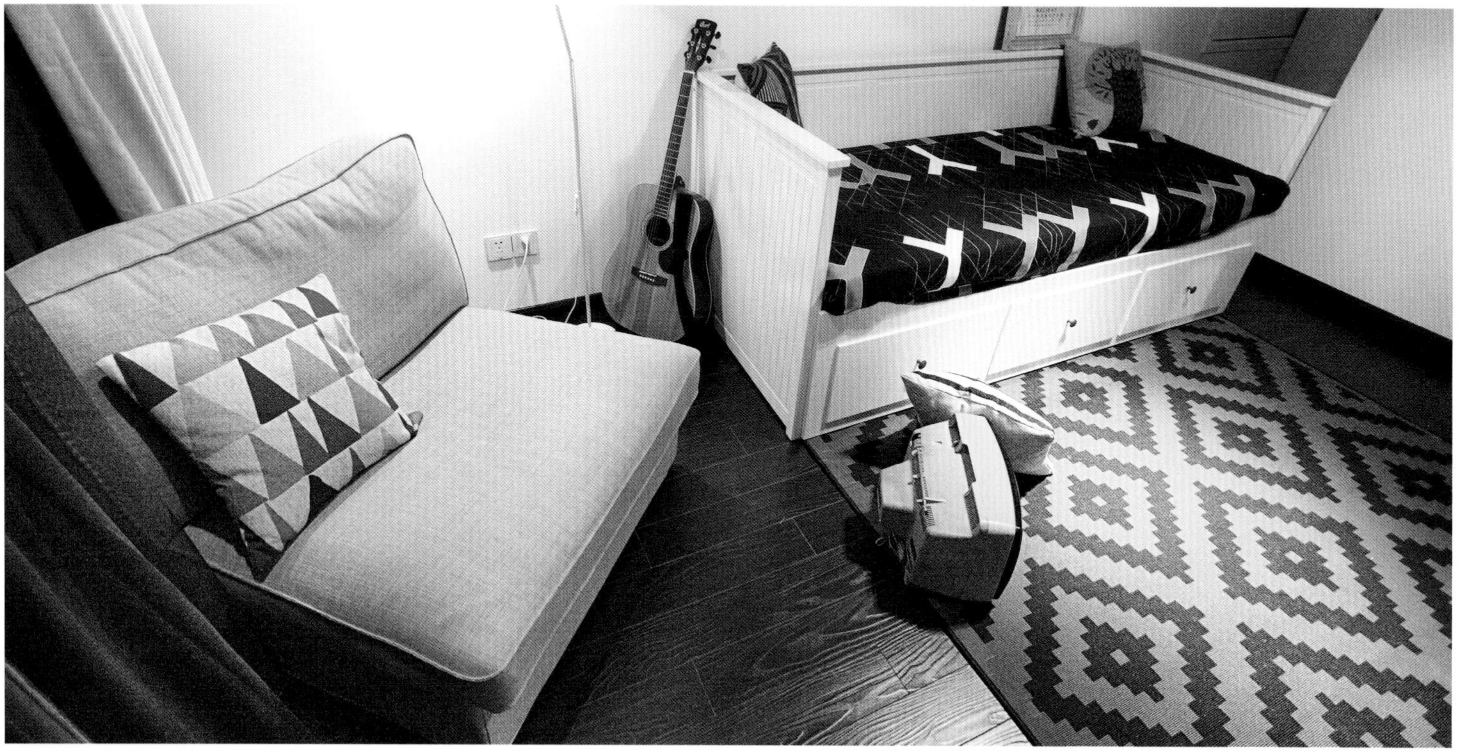

温暖北欧

Warm Nordic

主案设计：周森 / 设计公司：一野室内设计事务所
项目面积：140平方米

- 风格简单，墙面用色大胆，给人视觉冲击。
- 运用原木家具，软装饰品别致。
- 暖色调灯光，搭配蓝色沙发背景，暖中有冷，分外和谐。

ROME
PISA
SAN PIETRO
PARIS
GREECE
LONDON
GREAT WALL
SAN PIETRO
right
KEEP CALM AND CARRY ON

本案例在有限的预算的基础上，充分提炼出北欧工业风的精华，大面积深似海洋的蓝色与米色形成鲜明视觉对比，经过抛光打磨上色后的地板重新焕发生机，使空间几大基础材质相得益彰，恰到好处的软装与配饰起到画龙点睛作用，使整个空间营造出不落俗套，简约有型的国际风范。

客厅的整体布局都安排的合理到位，显得敞亮，空间充足利用。小灰格交错的地板使整个地面看上去很有层次感，并不会觉得单调乏味。一个简单实用的吧台把客厅与餐厅合理地分割开来。卧室整体给人一种静怡的感觉，不同于客餐厅鲜明的色调，选用更容易给人安全感的灰白色调，让住在里面的主人更容易拥有精致的睡眠。

PARIS
GREECE

Helvetica
HEL
VET
ICA
M
EGYPT

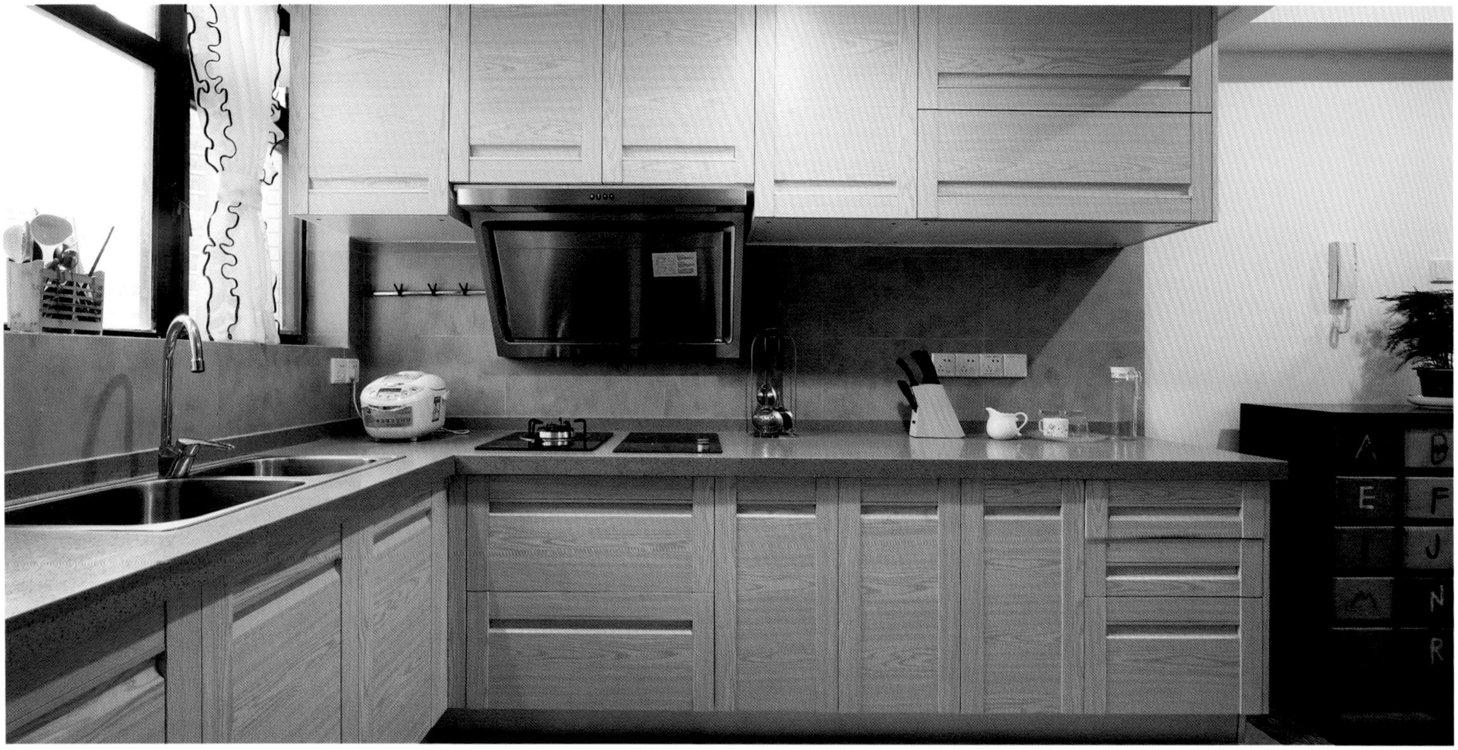
A
B
E
F
J
N
R

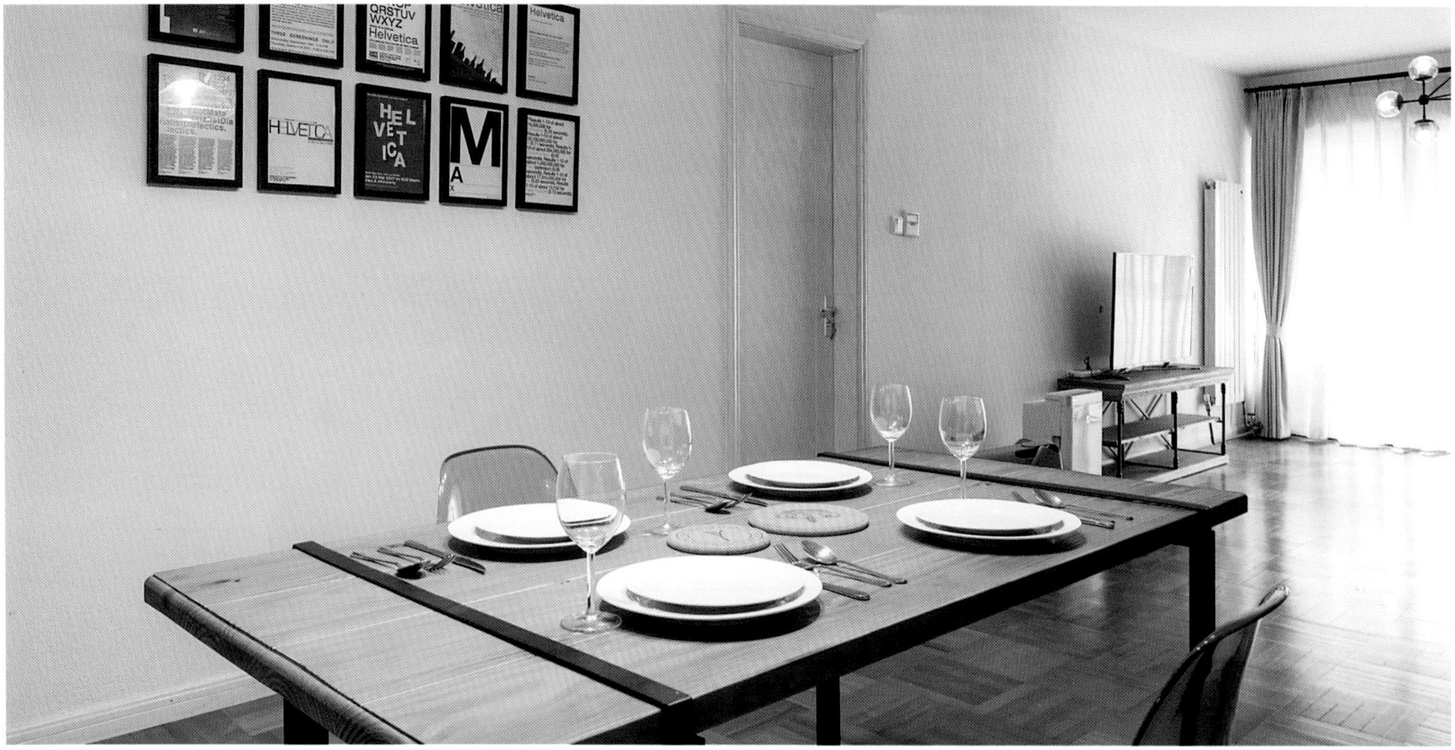
QRSTUV
WXYZ
Helvetica
Helvetica
HELVETICA
HEL
VET
ICA
M

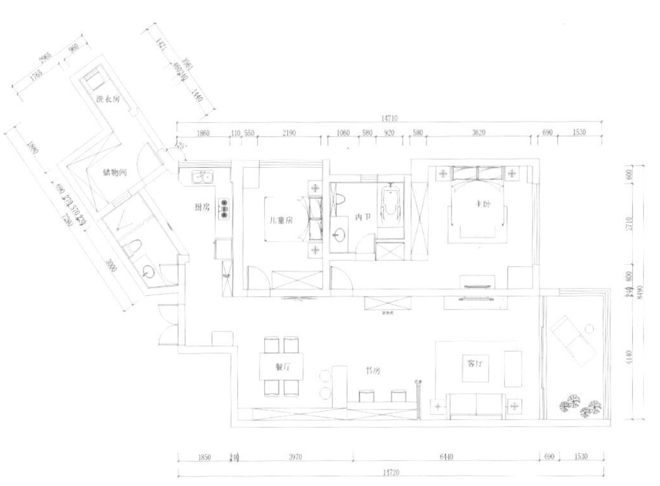

平面图

时尚阿拉伯

Fashion Arabia

主案设计：陈文学
项目面积：107平方米

■ 楼梯采用实木和铁艺的结合，精致古朴。
■ 白色墙面搭配丰富色彩，更突出颜色鲜艳，白墙纯白。
■ 蒙面的阿拉伯少女，有些神秘的阿拉伯异域风情。

设计师将本案风格定位为“妖气冲天”，很符合其气场。

客厅挂了三幅油画，严格地说是两幅油画加一面随着视角改变画面内容也会随着改变的镜面，设计师给其定义叫做实时实景画。这个镜面也很实用，业主可以悠闲的坐在沙发上一边看电视，一边扭头剃胡须，相当休闲。

客厅小小的画面，几乎包括了世界上的一切颜色，紫红、朱红、土黄、明黄、天蓝、钴蓝、草绿、深绿、白色、黑色、青色、灰色、赭石、咖啡色等。这么多的颜色，恰好是平衡的、和谐的、灵动的。镜子里面可以看到对面的幸福树。几乎所有的墙面都是大白墙，干净至极。

楼梯的位置改到入口处的角落，可以最大程度的利用空间，楼梯下面做成个小杂物间，南侧则做了鞋柜，功能齐全。

主卧设在二层阁楼上，斜顶，最低处不过两米多，最高处却有三米多，设计师不想浪费此卧室仅有的这点高度优势，没有用吊顶，只用了几根木梁结构缓解了比较大的层高落差。

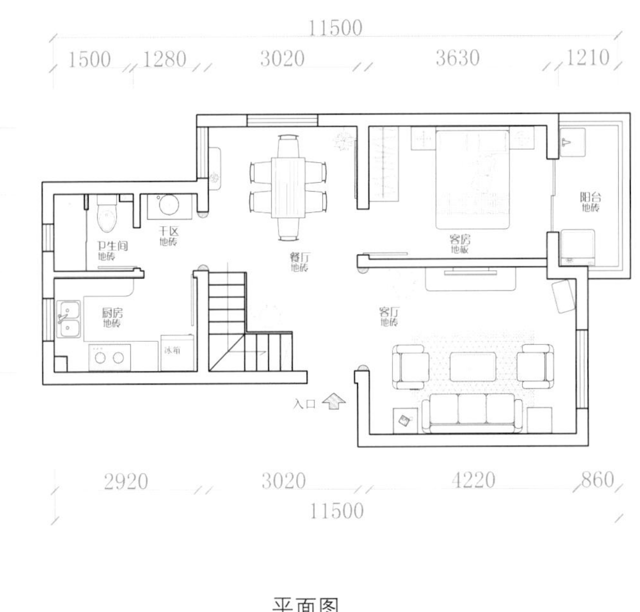
11500
1500
1280
3020
3630
1210
1300
1510
1830
1250
卫生间
地砖
干区
地砖
餐厅
地砖
客房
地板
阳台
地砖
厨房
地砖
冰箱
客厅
地砖
入口
2920
3020
4220
860
11500

平面图

上海滩花园

Gardern by the Bund

主案设计：黄文彬
项目面积：140平方米

- 一个现代化的厨房配有橱柜、U型操作台。
- 运用质朴的木料以及民族风情的拼布打造西部风情。

所谓乡村风格，绝大多数指的都是美式西部乡村，也有法式乡村和英式乡村等。设计师的设计以后现代为主要表现手段，触及客户需求拟定主题为现代mix西部风情的乡村风格。西部风情运用有节木头以及民族风情拼布，主要使用可直接取用的常用木材，不用雕饰，仍保有木材原始的纹理和质感，利用现代工艺进行表面碳化，还刻意添上仿古的瘢痕和虫蛀的痕迹，手工上漆，创造出一种古朴的质感，将贵族的家具平民化，展现原始粗犷的美式风格。

设计仍然非常讲究功能性和实用性，为主张生活的闲适，布局上运用了“度”。“度”是关节点范围内的幅度，在这个范围内，事物的质保持不变，突破关节点，事物的质就要发生变化。“度”在空间中，结合多功能书架直至阳台，隐藏了墙垛也延展了空间。

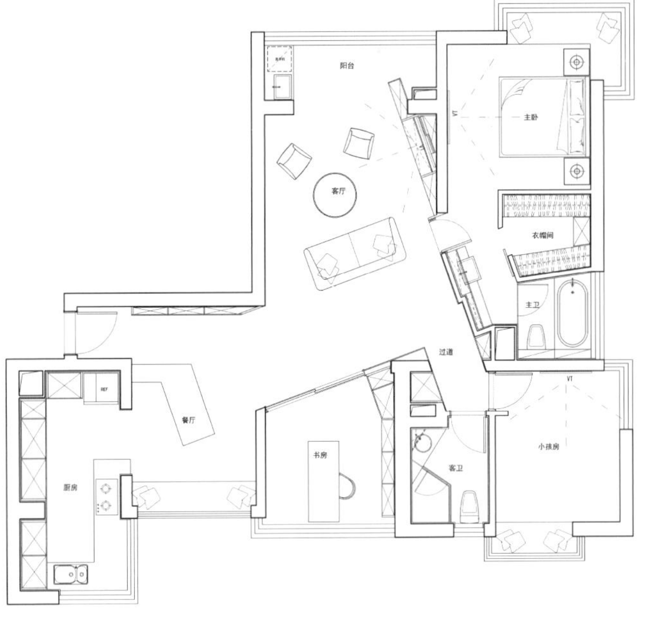

平面图

生活在别处

Living in Another Place

主案设计：吴金凤 / 设计公司：彩韵室内设计
项目面积：154平方米

- 多材质立面与光影，折射出廊道的层次变化与深邃感。
- 大面落地窗引入公园绿景，模糊内外交界。
- 米白、灰褐的基底配色，搭配木作与石材，呈现秋风山林意境。

秋风飒爽，米白、灰褐的色调铺陈中，在木与石上凿刻季节的细致落款，从玄关阵列入内的立体粗犷木皮，搭配细白温柔的大理石材，对比出空间纹理的质感张力，更透过窗外公园绿林的美景引述，交融出一室山林秋浓的意境。对比材质肌理构筑的自然基底，设计师搭配休闲风格家具与设计感灯具，从软装家具线条平衡整体氛围。

为了让空间更敞阔放大，设计师压低客厅电视墙的高度，加以清玻接口形塑延伸穿透视野，让后方造型书柜的线条得以展示，作为美感与机能兼备的端景设计。而采用茶玻半穿透规划的玄关展示收纳柜，则可以应未来居家空间的需求，变化门片材质即可。金属饰条与壁布围塑现代感床头设计，设计师另整合衣柜与展示柜机能，透过茶玻拉门灵活变化空间表情。洞石床头主墙兼具温润意象与清洁便利性，而悬垂而下的造型吊灯，以现代感线条保持墙面视野的完整度。整合衣柜与梳妆台的机能，一体成型的线条规划，让空间利落有型。

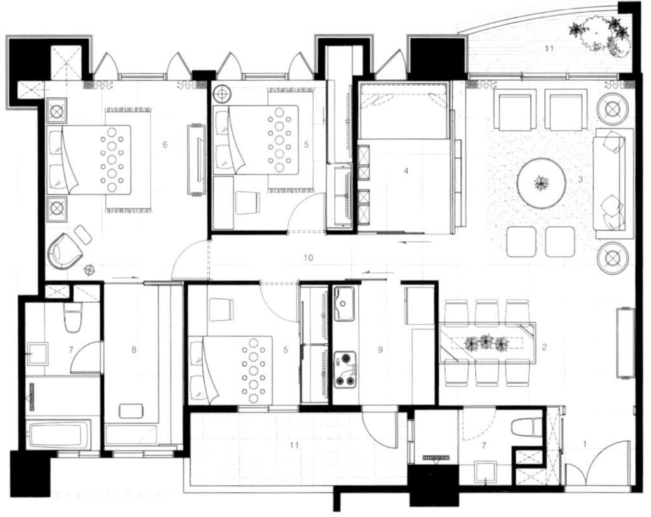

平面图

无界

Unbounded

主案设计：郑树芬 / 设计公司：SCD（香港）郑树芬设计事务所
项目面积：500平方米

- 每一间卧房都有宽阔的飘窗，满足通风、光线与自然景致。
- 优雅简洁的线条，画龙点睛的艺术画，充满阳光气息。
- 整个空间将中、西文化进行了无界结合。

即便置身在繁华的香港都市，业主也希望能远离都市喧嚣和纷繁复杂，回归自然、轻松、温暖的家庭生活。

温暖的家总是有阳光，何况窗外还有青山蓝海的美景可欣赏，设计师在空间多处使用了玻璃，餐厅隔断、客厅大面积玻璃墙等，将室外的自然美景引入室内。

设计师主张有别于“传统奢华”的表现形式，强调文化价值，将中西文化经典无界结合。硬装空间设计比例简洁、精炼，而软装方面则提炼和创造艺术氛围，大到拍卖行的一幅艺术挂画，小到一对鸳鸯摆件，都是当代著名艺术家的真品，其喻义爱和美好，全面表达东方文化意义，整体家具的质感与艺术品完美结合，缔造了雅奢真正的含义。这就是雅奢主张的特征，自然而不着痕迹地表现当代雅豪审美气质，让真正的奢华融进生活里。好的作品不会让你乍一看炫耀技巧，而是你越欣赏、越细看，越发觉设计师的用心。

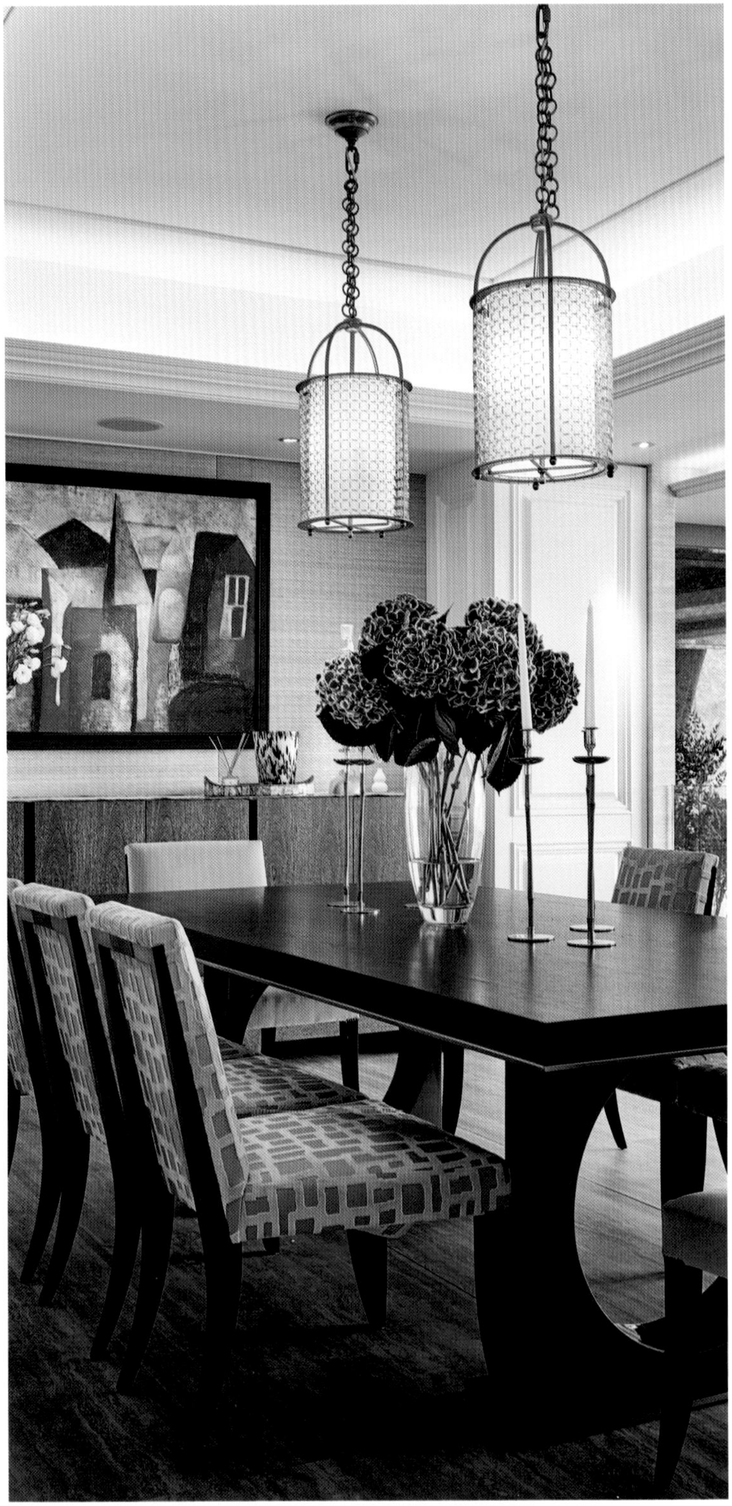

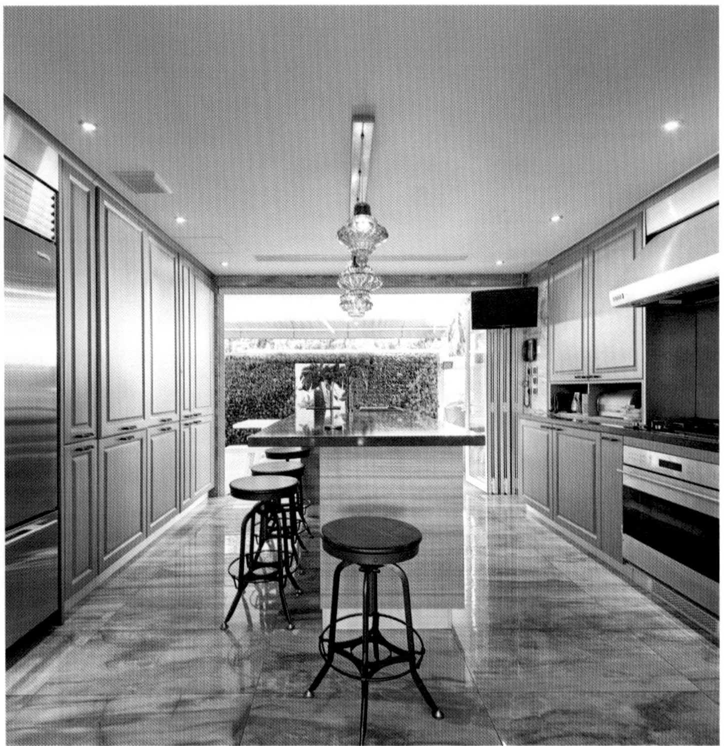

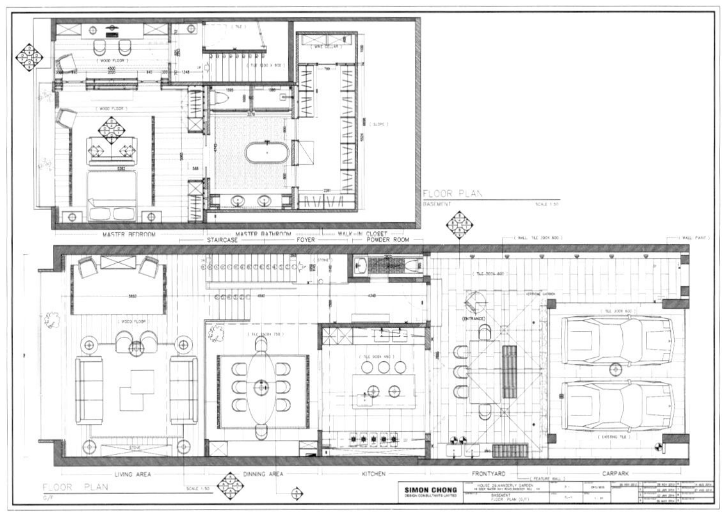

MASTER BEDROOM
MASTER BATHROOM
WALK-IN CLOSET
STAIRCASE
FOYER
POWDER ROOM
FLOOR PLAN
BASEMENT
LIVING AREA
DINING AREA
KITCHEN
FRONTYARD
CARPARK
FLOOR PLAN
SIMON CHONG

一层平面图

GUEST BEDROOM/FAMILY ROOM
KID'S ROOM-2
(WOOD FLOOR)
(TILE)
KID'S BATHROOM
KID'S ROOM-1
KID'S BATHROOM-1
GUEST BATHROOM
MAID'S ROOM/TOILET
A/C PLANT AREA
ROOF

二层平面图

理想的靠近

Ideal Approach

主案设计：庞飞 / 设计公司：品辰设计
项目面积：180平方米

- 地中海和新东方的混搭风格，自然，独具一格。
- 运用暖色光线，软装搭配自然。
- 具有沉淀后的稳重感。

冬日暖阳，甜点搭配日光，坐在户外坐席，看着飞鸟白云。光是这样呆呆地望着，心情就会很好。隐隐约约可以看到不远处的炊烟和昨日泛舟的洱海。这样的空间纵享大理的所有，没有观光客的叨扰，能让人静静品味。

设计师将半地下室的空间关系重新梳理，目的是让可以看见的柔和日光渗入室内，让人忘忧。策划一个理想的下午，与悠闲一起散步。逛逛当地的菜市场，亲自为亲人或朋友挑选食材，准备丰盛的一餐。在这里，你可以发现生活中难以发现的想象世界，酝酿出许多鲜活的灵感，让创意能量不断累积。定制的波斯地毯，羊皮手工灯，室内的暖色光线，让人想窝在室内。无论多少次到大理，新鲜感的期望值，还是被它不断提升，感觉每次总要吸收些许与众不同。区域的纯粹、朴实丰富的老时光生活感足以让居住者回味数十年。

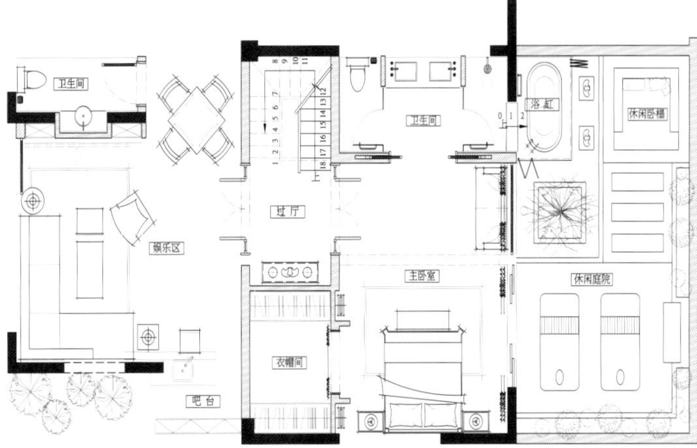

平面图

漫步水云间

Walking beyond the Water

主案设计：沈烤华 / 设计公司：南京SKH室内设计工作室
项目面积：245平方米

- 地面的仿古砖，突出质感，又显得大方得体。
- 用天然的硅藻泥代替墙纸，绿色环保。
- 储物空间多，保证了家庭生活的实用性。

美式家居风格的这些元素正好迎合了时下文化资产者对生活方式的需求，即：有文化感、贵气感，还不能缺乏自在感与情调感。漫步于云水间，体现的既是一份从容心态，也是一种优雅格调。

结构方面，本案原始户型存在一些问题，墙面多个柱子凸出明显。设计师通过对空间的专业改造，使之更加顺畅，并巧妙地利用阳台的面积，将书房与客厅融为一体，大大地提高了空间的利用率。

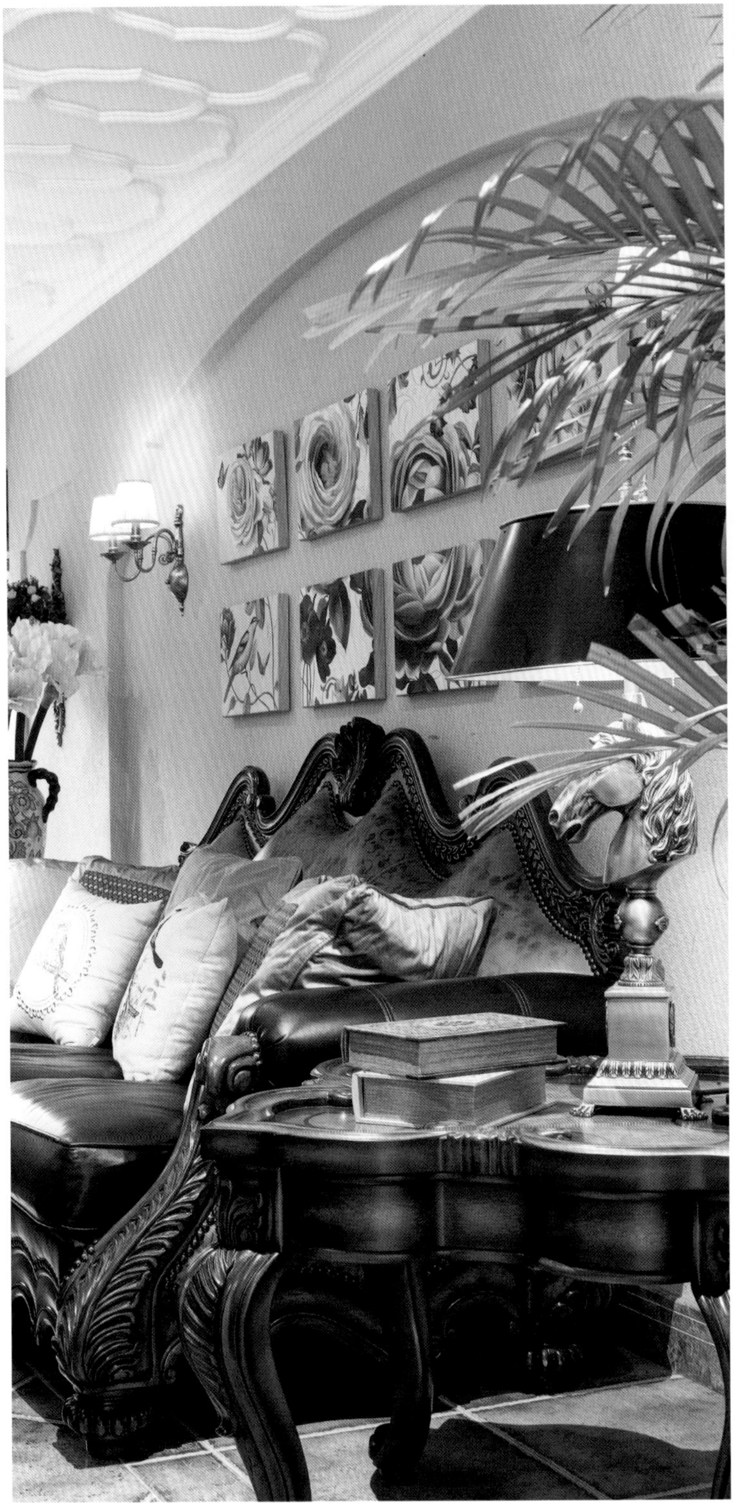

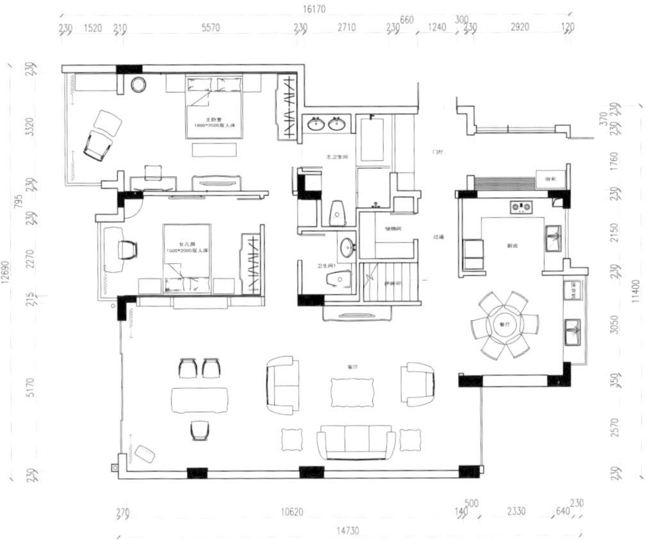
16170
230 1520 210 5570 230 2710 230 660 1240 300 230 2920 120
12690
11400
270 10620 140 500 2330 640 230
14730

一层平面图

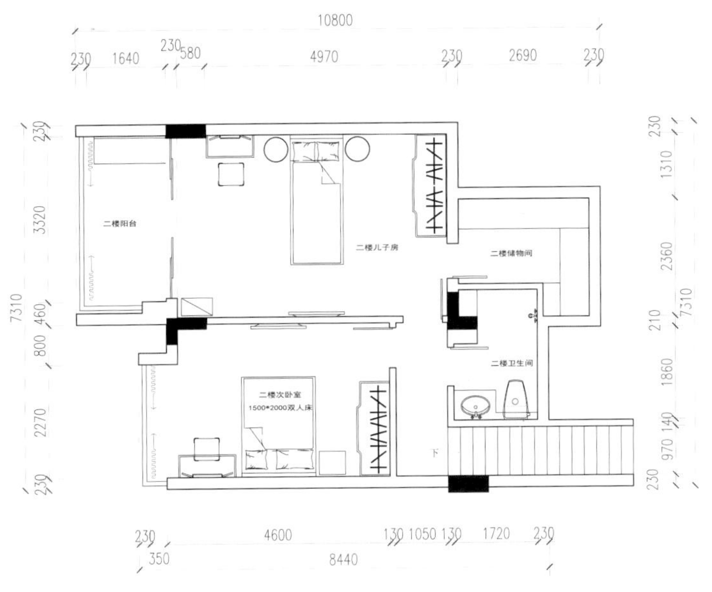
10800
230 1640 230 580 4970 230 2690 230
二楼阳台
二楼儿子房
二楼储物间
二楼卫生间
二楼次卧室
1500*2000双人床
下
230 3320 460 800 2270 230
7310
230 1310 2360 210 1860 140 970 230
7310
230 4600 130 1050 130 1720 230
350 8440

二层平面图

| 亚太名家别墅室内设计典藏系列之六 | 目录 |

| 中式风韵 | 都市简约 | 原木生活 | 欧美格调 | 异域风情 | 自由混搭 |

九里兰亭
Jiuli Lanting

主案设计：宋必胜
项目面积：896平方米

- 本案融合新中式元素，是现代与传统文化的结合，是东方与西方文化的融和。
- 细节之处感知中国文化的底蕴。
- 仿佛置身于苏派贵族园林之中。

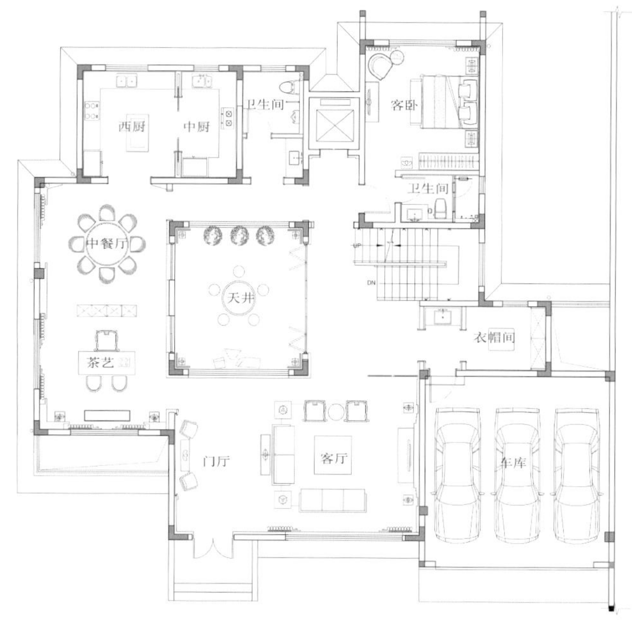

平面图

本案在空间布局上，容纳了私宅一切能够拥有的功能。多样化的功能区相互呼应，在这苏派造园围合之境的空间里，多样化的功能区相互呼应。既保证每个空间的独立性，又有空间的连贯性。中厨、西厨、酒窖、影音室、干湿蒸室、台球室等空间，在提升生活品质的同时又将我们想要把现代和中式元素结合的想法很好的融入在这些空间里，实现丰富多样的居住环境。

本案采用云多拉灰石材、奥特曼米黄石材、玉石、尼斯木饰面、玫瑰金不锈钢等材料，云多拉灰石材的云丝纹纹理搭配米黄色奥特曼石材，一种现代黑白之色搭配传统中式的淡雅色调，同时石材的材质质感能够给空间带来大气奢华之感。尼斯木饰面和玫瑰金不锈钢的结合更是中西方结合，木饰面的自然沉稳和金属材质的奢华精致在空间里相得益彰。

雅墅心居
Elegant Villa

主案设计：王重庆
项目面积：355平方米

- 设计还是从颜色，灯光和软装来体现别墅的格调也省去业主日后维护大理石的烦恼。
- 从整个设计风格来看，选材用的是大理石。
- 设计了很多隐藏门和隐藏柜体。

一层平面图

这个楼盘面对的消费群体大多是中小企业的群体，需要空间的利用率和性价比非常高，在原有的空间布局上把挑空层使用起来，增加室内使用面积的同时也注意到光线的充足和通风，把平常的生活空间最大化，包括会客区，休闲功能区域，使这个别墅项目的性价比达到最理想化。

传统别墅的布局大多都是门一打开，看到很大的客厅空间，虽然可以给人带来空间感，但我个人觉得还是有缺陷存在的：因为一进门很大的空间感让人一览无遗，不能给人一种想要继续探寻的欲望，然而我们这套的设计是在一入门首先映入眼帘的是一条艺术长廊，因为这套别墅的业主是比较喜欢收藏艺术品的人，我们根据业主兴趣与爱好，先是设计了一条艺术长廊，再来是经过休闲空间和客厅，这也是和传统的别墅不同的地方，同时也设计了很多隐藏门和隐藏柜体，在不经意间推开一扇门让人感觉一道新的风景，也让人感觉设计的乐趣所在，有种魔术空间的惊喜。

江山汇
Jiangshan Hui

主案设计：陈书义
项目面积：272平方米

- 将工业风的魅力无限放大，书房从陈列到规划，从色调到材质都表现出雅静的特征。
- 门厅的灯带特别有立体感。
- 古风的装饰画做背景墙成为空间亮点。

家居中，玄关是第一道风景，室内和室外的交界处，是具体而微的一个缩影，选用镂空屏风作为玄关隔断，在视觉效果上空间的通透感十足。满墙的置物柜、茶桌的巧妙搭配呈现出一种自然、清新、飘逸的既视感，让人的心境开阔而明朗。代表岭南茶文化的茶具古朴雅致，信手拾起心爱的茶碗，沏一杯清茶，让茶香伴着书香溢满茶室。

对于现代家庭来说，厨房不仅是烹饪的地方，更是家人交流的空间，打造温馨舒适的厨房，一要视觉干净清爽，二要有舒适方便的操作中心，三要有情趣。将混凝土以及木质元素的运用延伸到卧室，色彩层次分明、主调灰色的设计在各个角落散发着灵性，又透露着沉稳的理性。

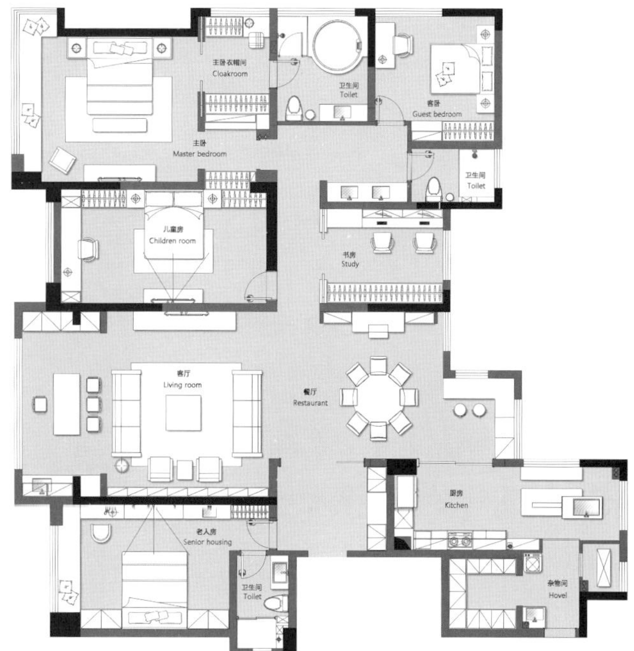
主卧衣帽间
Cloakroom
卫生间
Toilet
客卧
Guest bedroom
主卧
Master bedroom
卫生间
Toilet
儿童房
Children room
书房
Study
客厅
Living room
餐厅
Restaurant
厨房
Kitchen
老人房
Senior housing
卫生间
Toilet
杂物间
Hovel

平面图

素净

Simple And Elegant Space

主案设计：范敏强
项目面积：118平方米

- 考虑到健康、安全与节能问题，材料上选用了环保的素水泥砖，实木饰面和白色水泥漆。
- 以简单和低价的材料营造出哲学思辨的文化氛围。
- 生活回归于远逝的平衡中。

在风格方面，主体上希望能体现现代东方低调沉稳之意境。水墨屏风搭配百叶窗的设计，在保证空间私密性的同时，也令充足的日光能够照耀进室内。对比入门处厚重理性的风格，室内的空间令人豁然开朗。浅色的墙壁和天花之下，是深色的沙发、地毯和桌椅，寓意着沉淀之后不失澄澈的心境。颇具诗性的小元素和纤巧雅致的家具更是令空间平添了一份轻盈的意味。大理石制的电视背景墙与水墨屏风遥遥相对，二者相辅相成，共同打造出空间的禅意。

以客厅为核心，边界环绕着餐厅、厨房、品茶区，虽各自一隅，却又紧密相连，不受局限的生活尺度，视觉延伸使空间更加通透。

江景别墅

Jiangjing Villa

主案设计：梁瑞雪
项目面积：700平方米

- 空间设计上，“江水”理所当然成为主要元素，地面、墙面都用具有抽象图案的材料来表现这一主题。
- 设置不重合的楼梯路线，改变狭窄局促的楼梯。
- 所有市制作都使用低碳环保的多层实市。

根据业主家人较多的实际情况对平面布置进行了比较大的改造：老人房和厨房餐厅安排在平街层以方便老人；两个儿童房配备了一个不小的花园，让儿子和女儿可以在大自然中学习和成长；客厅、休闲区和主卧进行了部分加建，面积充裕的同时使功能更完善。

公共空间尺度较大，我们在墙面局部使用了与之尺度相配的超大尺寸的薄片砖，砖上面精彩的云纹与户外的江景很好地互相呼应，营造出水天一色的效果。顶面用19个大小不一的灯来丰富空间。因为空间面积较大，为控制造价，我们对材料进行了比较合理的分配，用量少的局部使用比较高档的材料，体现项目的品质感；而在用量大的地方使用经济实惠的材料。所有木制作都使用低碳环保的多层实木。

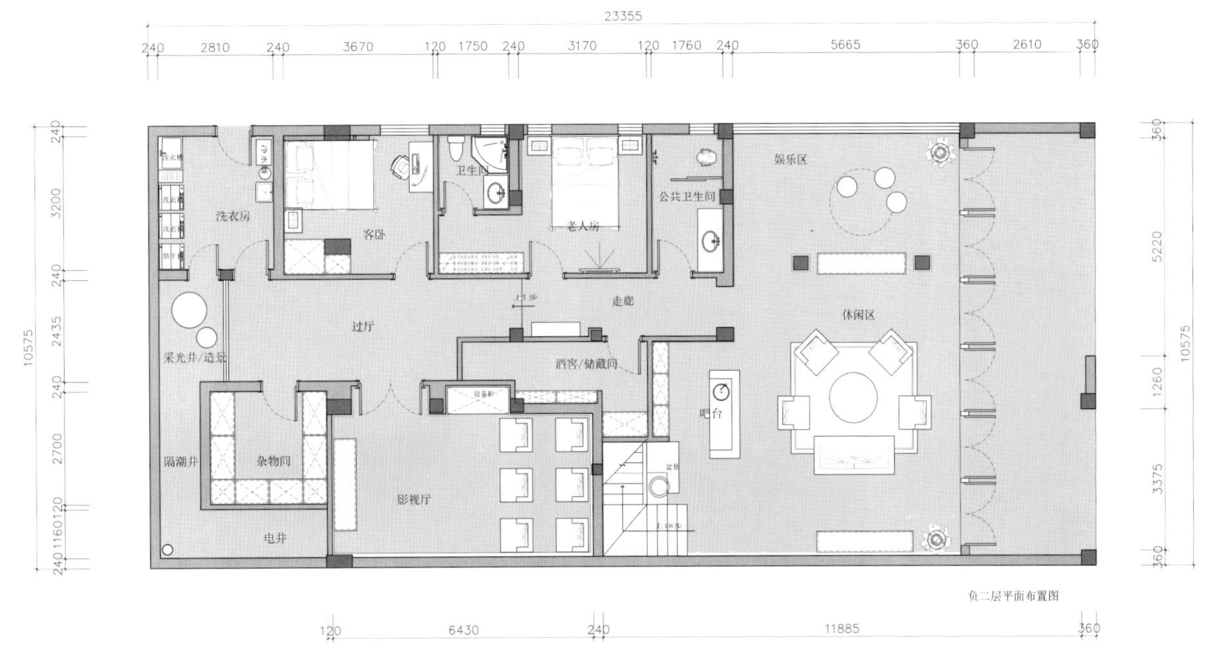
23355
240 2810 240 3670 120 1750 240 3170 120 1760 240 5665 360 2610 360
洗衣房
客卧
卫生间
老人房
公共卫生间
娱乐区
过厅
走廊
休闲区
采光井/造景
酒窖/储藏间
吧台
隔潮井
杂物间
影视厅
电井
10575
240 3200 240 2435 240 2700 120 1160 120 240
360 5220 1260 3375 360
负二层平面布置图
120 6430 240 11885 360

平面图

壹号庄园别墅

Villa No. 1

主案设计：罗伟

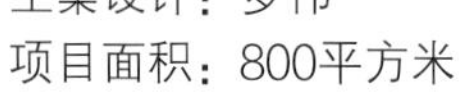

项目面积：800平方米

- 空间感要开阔，具有一定仪式感、空间展示性，材质要求环保、显品质感，空间动线流畅。
- 新中式与现代手法结合的设计风格。
- 摒弃繁复的装饰手法和惯性的陈设布局习惯。

设计对文化细细挖掘的同时，进而研究人的生活方式与自然、空间的互动关系，摒弃繁复的装饰手法和惯性的陈设布局习惯，艺术性地表达空间和人的微妙关系，使人与使用空间、物品产生舒适的共鸣体验。

以现代中式的风格为出发点，选择一些深色暖色的木饰面，搭配一些浅色的石材，达到色彩对比的效果；从环保角度出发，墙面大量选用马来漆作为饰面材料，其次通过造型及灯光，营造多变的具有层次感的空间氛围，局部再点缀古铜钢马赛克，凸显空间独特之处。

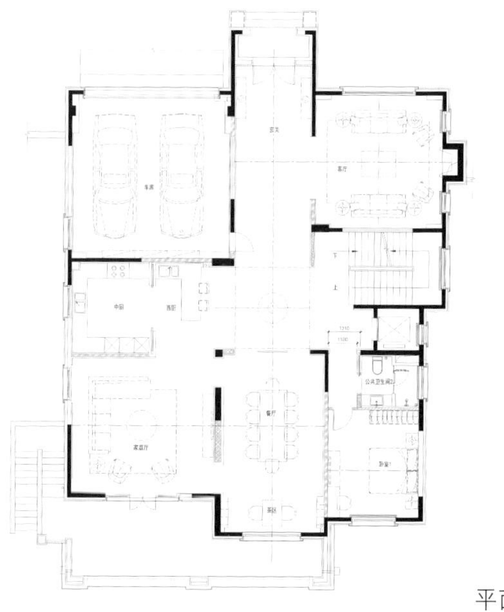

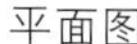

平面图

大都会

Oriental Metropolis

主案设计：蔡蛟
项目面积：340平方米

- 将原有的封闭式餐厅改为半开放式餐厅，餐厅更加宽敞明亮。
- 皮革、铜、真丝、雕花玻璃、板岩等材质结合。
- 中国传统艺术、当代艺术与西方艺术融合。

将中国传统艺术、当代艺术与西方艺术融合，将皮革、铜、真丝、雕花玻璃、板岩等材质结合。

将原有的封闭式餐厅改为半开放式餐厅，餐厅更加宽敞明亮。将原有客厅区吧台改为火炉、休闲区、吧台三为一体的功能区。

曾有知名导演希望在他家取景拍戏，被委婉拒绝。

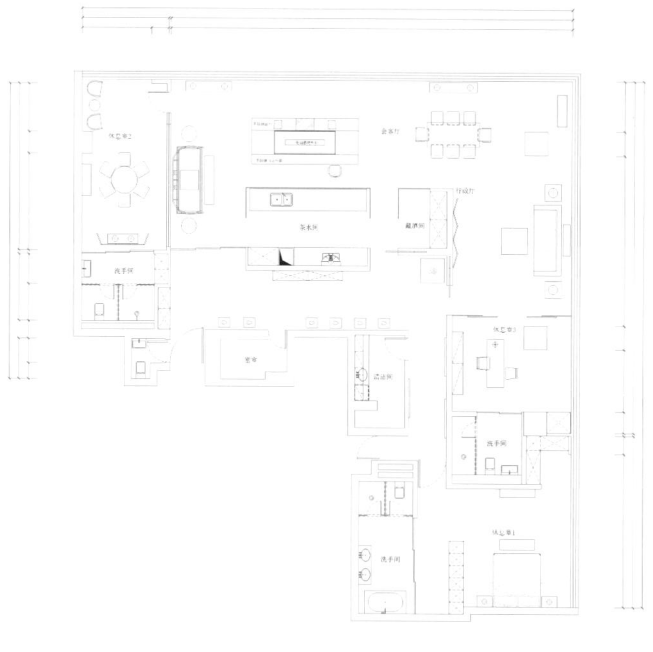

平面图

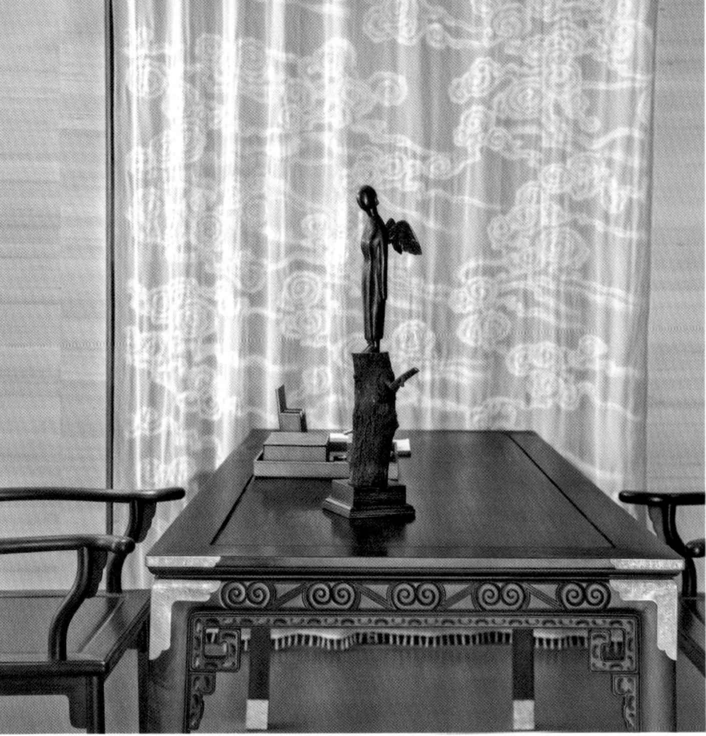

上海老公寓

Shanghai Old Apartment

主案设计：解方 / 参与设计：杨耀淙
项目面积：194平方米

- 以享受生活为主题的设计理念。
- 放松且平静的静谧空间。
- 把旅居各国的经历融汇在家的空间中。

业主是一对四海为家的夫妻，他们曾经在新加坡、伦敦、香港、东京生活过，现在他们定居在上海。随着他们越来越享受这种现代化大都市中多样化的生活状态并对新的环境持越来越开放的态度，他们也从未忘记自己的根，这种信念也反映在整个室内设计元素中。原建筑的铁艺窗户完美地成为背景衬托着Eames的躺椅及Moooi的猪桌，欧式的古典护墙板与现代吊灯并置共存，法式餐桌与HAY的餐椅完美搭配，做旧的大理石表面与高科技的现代厨具互相映衬，复古的铜质灯具与时尚的暗灰色调产生强烈冲击。漫步于这昏暗的空间中，你会从业主及其生活中发现更多诸如此类对立且诱人的故事。

这栋公寓真正的精神是一种娱乐的思维。进入大门的动线引领人们进入中厅位置，中厅两侧是被吧台隔开的餐厅及开放式厨房。开放的区域感可以让客人彼此在舒适的环境下互动，同时也可以与在厨房中忙碌的主人自然交流。走廊端头放置着一组复古电影院的座椅，朋友们可以在晚餐前放松地于此闲聊，餐边柜放置着业主从世界各地搜集的玻璃器皿和茶具，微弱的灯光提升了整体展示效果及使用的便捷性，甚至连他们的猫，也有专属于自己的由新加坡Kwodrent工作室设计编织的猫抓凳。

这是一个让业主及他们的猫更为放松且平静的静谧空间，是一个给予每个访客惊喜的场所。我们希望你能享受这个空间正如我们享受于设计及建造它的过程。

时髦东方

Oriental Abstract

主案设计：许章余
项目面积：300平方米

■ 残荷、鸟笼等展现中式的细节。
■ 素色墙纸等整体呈现一种现代的审美感受。

LIVING IN STYLE NEW YORK

中国风并非完全意义上的复古明清，而是通过中式风格精髓的传承和融合，表达对清雅含蓄、端庄丰华的东方式精神境界的向往和追求。把现代材质巧妙融入，并以独特的艺术表现手法呈现出来，再现了移步换景的精妙小品。

空间用简练的分割方式将传统东方元素分解重组，通过水墨意境传达了东方文化的源远流长，设计师将玄关背景以立体荷叶、莲蓬的形态，三三两两，悠闲自如。空间整体以素色墙纸及深色橡木饰面为主要材料，借助木饰面传承悠久的文化符号，通过软装搭配释放出东方韵味，表现业主对高品质生活的追求，诠释现代东方文化气息。

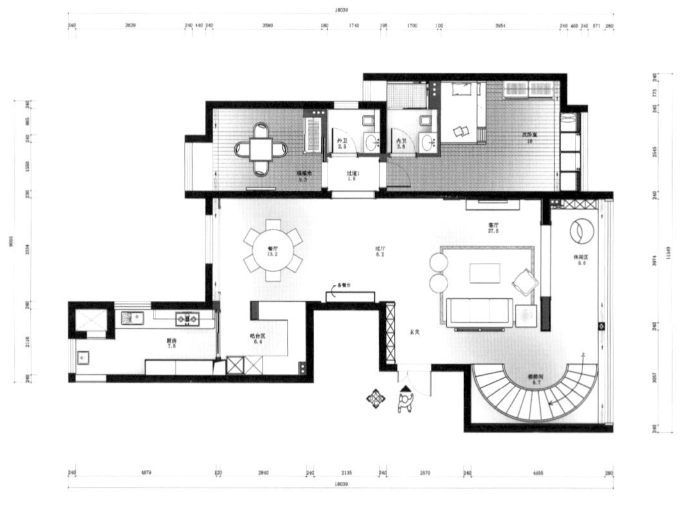

一层平面图

LIVING IN STYLE NEW YORK

二层平面图

记录永恒时刻

Timeless Moment

主案设计：韩薛 刘积平
项目面积：187平方米

- 巧妙利用原坡屋顶、斜梁，让空间统一多变。
- 运用个性创意的家具形式和色彩，展现多元艺术气质。

本案以摄影生活为主题，灵感来源于电影《永恒时刻》。当你无法逃避庸俗的生活，你会怎么办？设计如影片之美，用艺术的眼睛看待整个世界，生活需用心发现，久而久之就能发现时光之美。

精致的金属扶手、简单的竖线阵列给人极具干练的现代感，深色的木质台阶让这个现代空间更加厚重。运用创意极简线条元素，简洁而不简单，传达出业主独特的生活品位及人格魅力，传递出一种淡然闲适、自然而然的生活态度。运用个性创意的家具形式和色彩，去创造当下最舒服、自由的精神状态。

设计师希望让设计融入生活，表达了生活因时光的沉淀更显高贵的质感，定格的时光才是永恒。

喧嚣背后

Behind the Noise

主案设计：胥洋
项目面积：220平方米

■ 白色墙面、原生态地板与做旧家具搭配，随意而生活化。
■ 最大化的利用地下室，有属于自己独特的自然质朴。

本案中用不同文化的做旧家具做搭配，增添了家居的随意性和生活化。白色的墙面和少部分墙纸，清新明亮，使空间感觉透气却不显单调；原生态木纹地板，则显得无比的清晰、自然。

家，是回归到原始状态，是安静的，质朴的。真正适宜居住的环境，不仅仅是居住，更是每天能体味一种叫做自然的放松。

因此，设计师在设计时通过家具、色彩、材质、装饰等元素的搭配，打扮出清新自然的家居生活，让这个家更贴近自然的空间，融入更多的温馨，远离那些纷纷扰扰，回归到自然质朴年代。

善

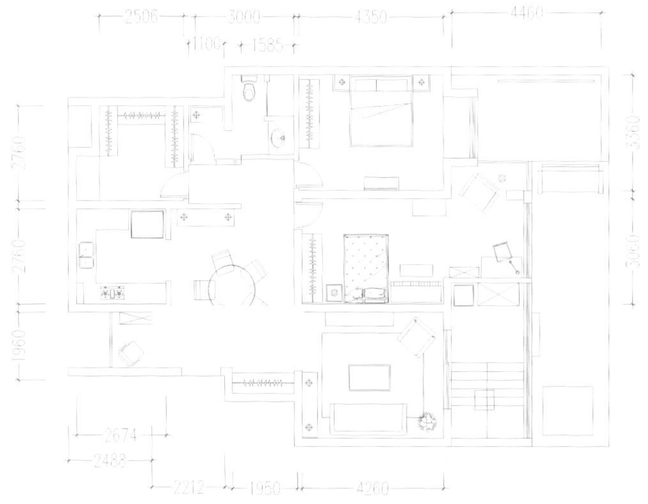
2506
3000
4350
4460
1100
1585
2760
2760
1960
3360
3060
2674
2488
2212
1950
4260

一层平面图

自然意象

Deep in Nature

主案设计：廖奕权
项目面积：245平方米

- 灵活运用木材，融入自然元素，绿意盎然。
- 巧妙地融入弧线，将功能区分隔开。

大自然为艺术家和设计师带来无限灵感。本案中设计师不仅活用木材，塑造树木等自然意象，更顺应结构墙的走势，在空间里融入弯曲线条，优雅动人。

客厅垂吊时尚吊灯，为空间注入现代气息。餐厅天花用象征树木的立体树枝装饰，使平白天花变得多“枝”多彩。柜架错落有致，就像高矮不一的树木。设计师扩充露台占据的空间比例，户外木地板从原有露台地面延伸至客厅，令户外气氛悄悄渗进室内。当人在客厅躺卧时，不远处便是弥漫户外气氛的露台，令人感觉轻松自在。

轻美式
Mordern American Style

主案设计：宋毅
项目面积：200平方米

- 现代的风格搭配美式家具，具有年轻且稳重的视觉体验。
- 开放式厨房，与餐厅相连，具有强烈的结构感和美感。

设计师将水平空间关系改成垂直空间关系，考虑地上、地下的穿插和结合，把公共空间的简美与私密空间的现代完美地结合在一起，满足了业主的需求。

本案中的公共区域采用了现代与简美元素相结合的处理手法，体现了质感，又不失轻松自由。简洁的设计手法，营造令人安静的卧室空间。茶文化的融入，令空间充满文艺气息。黑白灰的经典配色加上自然的原木，令人感到朴实、安静。通过玻璃的隔断，还能使采光口的植物充分吸收阳光和空气，茁壮成长。

温馨活力

Colorful Days

主案设计：刘述灵
项目面积：140平方米

- 色彩运用大胆，冷暖色调完美碰撞。
- 各种材质的使用，营造温暖丰富的触感。

在幽静的小路上出现一个家的样子，是每个累了的行人的追求。设计师将房子放在曲径通幽的小路上，当晚上来临的时候，暖暖的灯光从里边透出来，温馨十足。

本案采用了大空间，让房子的私有空间和独处空间产生了配合。采用瓷砖来装饰墙面，青灰色的面，有辉映富丽堂皇的一面，但又不显得张扬辉煌。瓷砖和木制家具的巧妙结合，冷暖色调的强烈碰撞，使高冷与温馨气质完美融合。

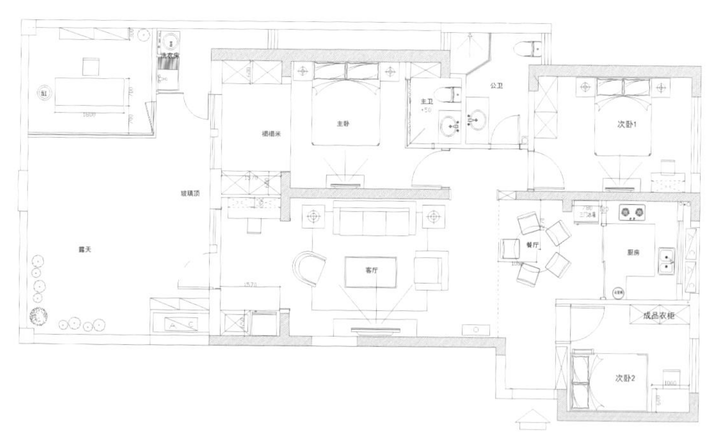

平面图

现代中式官邸

Modern Chinese Mansion

主案设计：赵牧桓 / 设计公司：赵牧桓室内设计研究室
项目面积：600平方米

- 采用现代的手法进行中式设计，充满趣味性。
- 巧妙处理了自然光与室内光线的关系。
- 山水纹大理石及床背景，表达了传统的概念。

什么是“现代中式”？本案从进门开始，就出现了比较传统的中式元素。大铁门加上两头镇宅的石狮子，往里走，可以看到玄关是作为通往右侧公共空间和左侧私密空间的一个转折口，也是一个重要的起承转合的地方，更是开启这个宅子的纽带。而把水和鱼引入室内空间，水景像瀑布一样很缓慢地流下，充满意境。

中国人喜欢搜集石头，从庭园景观造景用的那些奇石，到欣赏大理石里面自然堆砌所成就出来的如画般的天然肌理。将这山水般的肌理加以放大铺满整个空间，也就形成了地面的造型图案。

用现代的手法去做中式空间设计，就像是古代士绅生活在现代。

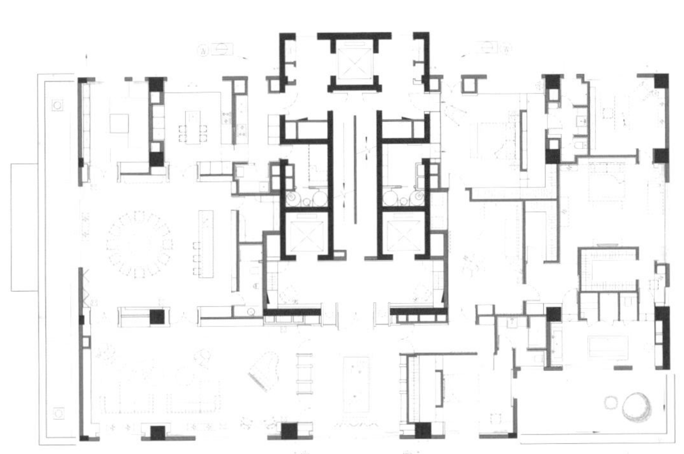

平面图

现代新古典

Modern New Classical

主案设计：张宝山
项目面积：210平方米

- 空间改造合理，造型简洁，线条优美。
- 巧用色彩，营造不同格调的空间，让空间充满时尚艺术。

本案大胆采用现代主义风格，突破传统，重视功能和空间组织，局部添加了新古典和工业元素的搭配，使风格上更具质感优雅。空间色彩上以沉稳为主，将空间气质营造的绅士内敛。同时在家具和墙上，以白色加以平衡，调节空间视感，诠释空间时尚气质。

整体设计以舒适和温馨为导向，讲究以人为本，注重生活层次，通过不同的色彩节奏来营造不同格调的空间，细节之处的点缀更提升了整个空间的品质。

玉兰花园

Yulan Garden

主案设计：夏宇航 / 设计公司：无锡观唐上院装饰有限公司
项目面积：220平方米

- 给空间适当做减法，减少空间材料的多样化。
- 注重空间比例和灯光把控，让空间有灵魂。
- 大量素色墙布的使用，营造宁静如水的素雅质感。

崇尚简约设计的设计师，喜欢在室内设计和家居布置上运用鲜明透亮的白，由设计师打造的这个温馨之家，不单让纯白的独特个性尽情展现，还巧妙的把空间重新规划，提升视野和空间感，让居者轻易感受一室的舒适与宁静。

走进室内，宽敞的客厅、开放性餐厅让整个公共空间整体流畅；墙面采用平面石材为背景，让客厅更显得简单利落；房间选择素雅的配色，清爽又舒适。每一空间利用都是设计精巧的安排，让全家人每一天都能深刻感受到快乐、轻松、自由的生活氛围。

蓝之雅韵

Blue Melody

主案设计：郑鸿 / 设计公司：深圳鸿艺源建筑室内设计有限公司
项目面积：300平方米

- 地面采用几何平行拼法，黑白灰的配色，深咖、浅咖、白的三色运用，增加了立体透视感。
- 以Tiffany蓝为主打色，打造温馨家庭感受。
- 墙面颜色光泽度强，色彩历久弥新。

蓝色是最有故事、最接近自然的颜色。业主对蓝色情有独钟，而设计师对蓝色也有自己独特的见解。

设计师以简欧风格为基调，布局上避繁就简，倾心于低调大气，并巧妙地融入了新古典元素及后现代主义美式家具。色彩上，填入淡雅明快的Tiffany蓝，如一缕清新的风，吹拂到家的每个角落里。

最温暖的记忆是与家人用餐的场景，品尝妈妈的手艺，唠唠家常，游走的时针仿佛都放缓了脚步。设计师感同身受，把感情融合在细节里。

东方百合

Lilium Oriental

主案设计：葛晓彪 / 设计公司：金元门设计公司
项目面积：400平方米

- 展现在我们眼前的，是柔美中带着魅惑的东方百合。
- 用激情的艺术，打破理性的宁静，塑造艺术化的生活空间。
- 几何的秩序与不规则的曲线，金色的华丽与黑白灰的冷静，构建了丰富的空间表情。

DAN BROWN

设计师制作的唇形画和复古壁炉的结合，使客厅增加了素雅和性感。浅色的护墙背景、略带夸张的家具、带有宗教主题的装饰元素以及富有戏剧性的设计作品，以一种柔和、高雅的方式释放着主人内心的浪漫，并在视觉矛盾中呈现的更具戏剧化。楼梯没有用传统的做法，而是改用一楼到三楼的楼面隔断去处理，让整个楼梯空间虚实交错，很有意境。

夸张的桌脚、对称的布局，以及那肆无忌惮舞动的插花，展示着这个空间收放之间的平衡艺术。在这里，我们既能发现理性内敛的贵族气息，又可以看到豪华与享乐主义的色彩。

三层平面图

英伦水岸

British Waterfront

主案设计：葛晓彪 / 设计公司：金元门设计公司
项目面积：580平方米

- 圆弧形大理石拼花形成了独特的视觉感受。
- 简明的黑白两色运用，在回转间有线面的对比。
- 高饱和度的明黄色沙发极为醒目，素简的壁炉中和了这浓烈的色彩。

She walks in beauty
cloudless climes and
all that's best of dark and bright, meet
her aspect and her eyes; Thus
to that tender light, which heaven to
day denies. One shade the more,
the less, had half impaired the nameless
grace. Which waves in everyraven tress,
or softly lightens o'er her face; Where
thoughts serenely sweetexpress, how pure,
how dear their dwelling place. And on
that cheek, and o'er that brow, so soft, so
calm, yet eloquent. The smiles that win,
the tints that glow, but tell of days in
goodness spent. A mind at peace with all
below, a heart whose love is innocent!

这是与时尚前卫艺术的一次疯狂约会。这幢英伦格调的别墅，经典潮流又带点轻奢华。材质工艺与设计的完美结合，不同程度地呈现了复古与摩登，让人耳目一新。整个空间还应用了智能系统，让居室显得更加完美。

一进门你就会被浓浓的艺术氛围所吸引，抽象派饰物奠定了这个房间的格调，时尚感极强。古典柱式的拱门与现代的格子玻璃门并列在同一个区域，将原本平淡的墙体无限地拉向远方，仿佛既在门里又在门外。而卧室以紫色作为主色调，显得高雅性感，呈现了浪漫的造梦空间。大面积藏蓝色饰面碰撞玫红色的壁柜，强烈的对比让人兴奋。

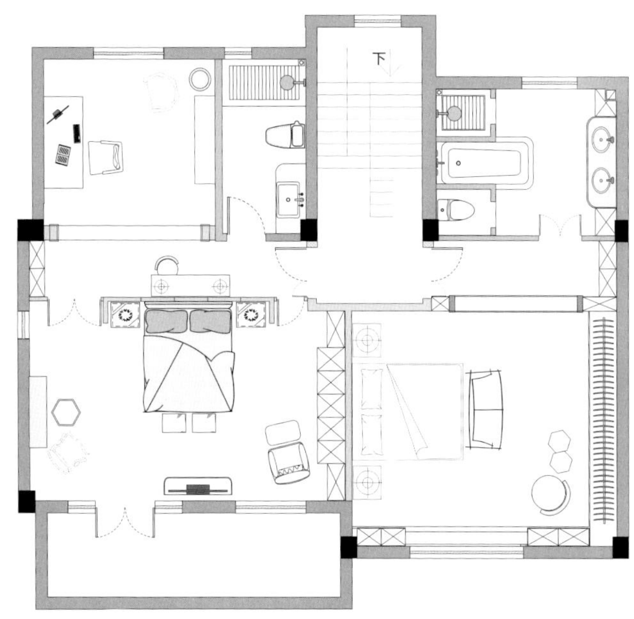

一层平面图
2F

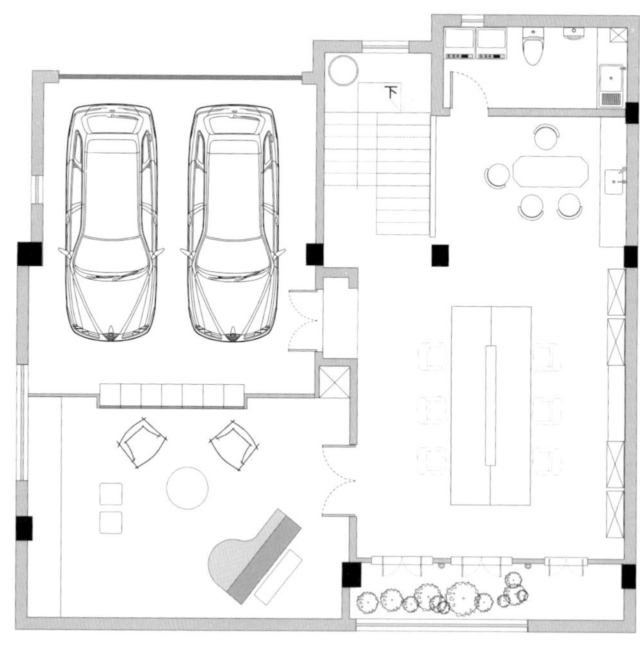

地下室平面图

春·无迹

Spring

主案设计：孟繁峰
项目面积：610平方米

- 打破中性色，大胆使用淡蓝色。
- 舍弃繁缛的装饰，保留基本的形制。

设计师第一次以业主的特质作为设计的来源。他们的家，不张扬，恬静如同春风拂面轻柔却不热烈；多彩，清新如春雨润物生机却不绚烂；温暖，阳光如春日暖阳和煦却不焦灼。

珍珠白的护墙，淡蓝的壁纸加上鹅黄的迎春和玉兰让空间宁静却不失一缕暖意。卧室以橄榄绿为主色，与室内主要的浅金色家具冷暖搭调，平衡了室内的暖度。现代美式中揉和了欧式古典的风格也融入了现代的陈设方式，让家成为一个值得眷恋的地方，成为一处疲惫之后心心向往的暖巢。

景天花园

Sedum Garden

主案设计：潘悦
项目面积：400平方米

- 市质、皮革、棉麻碰撞出低调的奢华感。
- 原市色的家具配深色的地板，呈中性暖色色调。
- 全玻璃的通透性加上市质扶手，实现了质感的提升。

突破现代简约的风格，是对设计师自身的最大挑战。本案中，时尚简洁的现代风格，并不是指单纯的把现代元素堆砌，而是通过对传统文化的理解和提炼，将现代元素和中式元素，甚至欧式元素相结合，以现代人的审美需求来打造富有传统韵味的空间。

客厅以一组新中式风格的家具来呈现整体的线条美，用简洁硬朗的走线勾勒出空间的层次感和布局的对称，并且融入了欧式的壁炉，背景则用黑镜填补了素色墙面的单调。

印墨江南

Water Courtyard

主案设计：陈熠 / 设计公司：南京陈熠室内定制设计事务所
项目面积：350平方米

- 背景画用了泼墨和水墨印染表现手法，体现江南水乡的韵味。
- 运用大量的木质家具，将自然的感觉引入到室内。
- 运用黑白灰的格调，既时尚又简约。

这是一栋具有民国风情的建筑，从外观上就透露着一股优雅与别致。室内山水画、家具、软饰的搭配，模糊了室内室外的界定，让室内室外相互融合。穿过宁静的小院进入室内，立即就被室内雅致的陈设所吸引，让一颗浮躁的心回家后得以平静。

水墨之间营造的是伊人眼带笑意的欣喜，是父母洗尽铅华的古朴高雅，是女儿清冷透亮的双眸，是曾经岁月永久定格的背影。设计师将风格界定在黑白墨意之间，源自捉住流逝的时光，将三代人的故事着笔晕染。

整个空间宁静雅致，让人的生活多了一份思考，一份感悟，一份闲适，一份豁达。

度假别墅

Kunshan Resort

主案设计：张力 / 设计公司：上海飞视装饰设计工程有限公司
项目面积：350平方米

- 空间饱满，室内与室外空间相互借景，具有层次感。
- 四周墙面作为完整展示舞台，独特新颖。
- 软装与硬装搭配融洽，十分干净。

基于房子周边的环境都是东方院落的感觉，设计师选择采用现代东方的风格，干净又饱满。

“干净”是因为墙面都是木饰面与白色乳胶漆，且用白描的形式加以黑色钛金勾勒；而“饱满”是指空间饱满。公共空间的层层退进，地下与地上及平层与挑空的高低空间错落，都使空间具有层次感。而下沉式的客厅空间设计则是这个户型的一大特点，这样公共空间才会更通透，更流动。房子的整体设计带给了业主不一样的生活体验，更多的是体现了“静”与“净”。

八块瓦居

Eight Tiles

主案设计：凌志謨
项目面积：400平方米

- 以黑灰白色调为主轴，舍弃过于繁复的设计。
- 呈现出一幅干净的生活画面。
- 大胆地将钢筋铁条意象带入室内，充满视觉冲突。

GREEN TEA

设计师主张将居住者的记忆加以延伸，经过意念的转化让私人住宅空间能够达到记忆的延续与传承，用现代手法使新旧对比融合，让空间赋予生活的禅意，凝聚时间的长轴，使空间有了人的记忆。

本案刻意瓦解了传统实墙设计，用铁条格栅等元素创造隔间，既不牺牲开阔视觉感，同时也让采光、视线等可相互流通漫延，并将各种异材质相互融合，让复古红砖、摩登金属相映成趣，释放出独一无二的视觉魅力，美哉美哉。

东情西韵
Love and Rhyme

主案设计：朱勇 / 设计公司：吉禾设计
项目面积：500平方米

■ 所罗门紫檀家具，以明式简约风格为主。
■ 整体设计找不到多余线条，去繁求简。

打造新中式与现代建筑理念的融合是设计的初衷，为了将设计能与完美的施工工艺相结合，设计师对每一个施工环节的节点与工艺反复推敲，精挑细选。在家具及灯光的选择上，以东情西韵为主线，将色调与墙面定制艺术拼布相搭，奢华而俏丽。同时，搭配艺术陈设，刚中有柔，也提升品位。

设计师非常注重空间气质与主人品位的融合提炼，倡导人们追求一种高品质、优雅而独具艺术品质的生活方式，并不遗余力地将生活中每个使用者的功能需求，渗透到完美的空间塑造中去，实现内外兼得。

大宅平衡之美

The Beauty of Balance

主案设计：张艳坪
项目面积：820平方米

- 大胆采用现代感较强的家具和灯具，既摩登又复古。
- 设计选材独树一帜，从大自然中甄选出艺术品材质，低碳且经济实惠。

本案打造的是一种西方视野中独具东方韵味的整体居家氛围，意图通过融合自然元素与“Less is More”的设计理念，营造简单、宁静、平衡的质感空间。

在空间上融合了业主平时的生活习惯，形成了一个多功能融于一体的布局空间。遍布每个角落的芦苇干枝、木刻的装饰画品、陶瓷做成的小凳等，无处不透露着业主对“生活回归自然”的理解，以及内心深处对大自然宁静与平衡的寻求。寻求最终的那份初心，简单、宁静、平衡就是它独特的价值。

山间颐居

Summer Villa in Mountain

主案设计：吕爱华
项目面积：300平方米

- 独立空间里软硬装材料的搭配，和谐而富有变化。
- 墙壁色彩质感自然，易搭配。

设计师将风格定位为雅致华丽与轻松闲适并存的混搭风，在保留原有旧家具的基础上，将楼上楼下做了风格区分，以灰色楼梯和灰绿色墙面做风格过渡衔接。

原有楼梯在户型的正中间，从实用上考虑，设计师封闭了原有楼梯口，将其中一个卫生间改造成楼梯间。定制实木线条和壁纸搭配出美式效果，美观又经济。业主注重空间的装饰性和功能细分给人带来的愉悦心理，因而，设计师在设计时，更注重空间的划分。